Flash 网页动画设计与制作

FLASH WEB ANIMATION DESIGN AND PRODUCTION

高家鋆　著

图书在版编目（CIP）数据

FLASH网页动画设计与制作／高家鋆著.—上海：上海
人民美术出版社，2017.6（2019.3重印）
新视域·中国高等院校数码设计专业十三五规划教材
ISBN 978-7-5586-0402-7

Ⅰ.①F… Ⅱ.①高… Ⅲ.①动画制作软件－高等学校－
教材 Ⅳ.①TP391.414

中国版本图书馆CIP数据核字（2017）第119765号

Flash网页动画设计与制作

主　　编：陈洁滋
作　　者：高家鋆
策　　划：孙　青
责任编辑：孙　青
见习编辑：陈娅雯　马海燕
技术编辑：季　卫
整体设计：陆维晨
排版制作：陆维晨　曹凯萍
出版发行：上海人民美術出版社
　　　　　上海市长乐路672弄33号
　　　　　邮编：200040　电话：021-54044520
网　　址：www.shrmms.com
印　　刷：上海盛通时代印刷有限公司
开　　本：787×1092　1/16　12印张
版　　次：2017年6月第1版
印　　次：2019年3月第2次
书　　号：ISBN 978-7-5586-0402-7
定　　价：58.00元

前言

Flash 动画是网络媒体动画的开山鼻祖，拥有较大的市场需求和群众基础。

随着时代的发展、互联网技术的日新月异，Flash 动画制作也日趋成熟。Flash 动画制作流程简单易懂，画面表现富有感染力，动画效果实现容易，是目前二维动画制造中主要的实现方式。

本书结合我多年以来的教学经验和创作经验，通过实际案例，讲解 Abobe Animate 制作 Flash 动画的主要技术特点。案例由浅入深，以阐明 Flash 动画制作的思路，以动画元件嵌套关系为主旨，逐步提高案例难度与深度，使读者在软件学习中，避免因过于追求参数设置细节，而忽略制作过程中的逻辑关系。

在此，要特别感谢上海工艺美术职业学院数码学院的陈洁滋院长，上海人民美术出版社的孙青老师，正是由于你们的不断鼓励和帮助，才能够让我完成本书的创作；另外我还要感谢上海正见文化传播有限公司，正是由于你们的鼓励、协作帮助，才能让我最终完成本书的创作。感谢曹凯萍同学在本书创作过程中所付出的劳动。

目录
CONTENTS

第一章

THE PRESENT SITUATION AND
PROSPECT OF FLASH ANIMATION

Flash 动画的现状及其前景

图 1 Flash 动画

本章知识点：Flash 动画与传统动画的相同与不同；Flash 动画的应用领域；MG 动画的概念和特点。

一 . Flash 动画与传统动画的比较

1. Flash 动画的特点

Flash 是互联网时代的产物，它是由美国 Adobe 公司推出的一款多媒体动画制作软件。它是一种交互式动画设计工具，用它可以将音乐，声效，动画方便地融合在一起，以制作出高品质的动态效果，或者说是动画（图 1）。Flash 操作简单，硬件要求低。非动画人员仅仅用一台普通的个人电脑和几个相关软件就能制作出动画，这和传统动画中庞大复杂的专业设备相比根本不算是设备。

Flash 是集众多功能于一身。绘画、动画编辑、特效处理、音效处理等事宜都可在这个软件中操作。比起传统动画的多个环节由不同部门、不同人员，分别操作，可谓简单易行。它在很多方面简化了动画制作难度，许多元件可以重复利用，大大降低了动画制作的难度和工作量。

图 2 动画电影《狮子王》

图 3 国产动画片《大闹天宫》

使用 Flash 制作的动画影片文件体积非常小，上传下载速度快，适合网络传播。网站片头、演示动画、动画网站、商业广告、电视、掌上电脑、游戏、MTV、手机屏保、手机彩信、家用电器等，这些表示 Flash 的确是一个非常好的传播载体。

2. 传统动画的特点

传统动画片是用画笔画出一张张不动的、但又是逐渐变化着的动态画面，经过摄影机、摄像机或电脑的逐格拍摄或扫描，然后以每秒钟 24 格或 25 帧的速度连续放映或播映。这时，不动的画面就在银幕上或荧屏里活动起来了，这就是传统动画片（图 2、图 3）。

传统动画历史悠久，由于长期的历史积淀使得传统动画在发展中不断完善，形成一套完整的体系。动画片的制作流程及市场运作，甚至电视播出的动画系列片长度和集数都已经规范。

传统动画技法的多样性，使动画作品呈现细腻多样的动画效果。而变化多样的美术效果的运用则使传统动画可以塑造出恢弘细腻的大场面。传统动画可以完成许多复杂的高难度的动画效果，还可以制作风格多样的美术风格，几乎人们可以想象到的它都能完成。

相比 Flash 动画,传统动画在制作难度上较高,短短 10 分钟的普通动画片,就要画几千张画面。像我们所熟悉的《大闹天宫》这部 120 分钟的动画片,需要画 10 万多张画面。如此繁重而复杂的绘制任务,是几十位动画工作者,花三年多时间辛勤劳动的结果。由此可见,传统动画制作分工太细,对设备要求较高。

3. Flash 动画与传统动画的结合

传统动画虽然画面精致、技法多样,但制作工序复杂,需编剧、导演、美术设计、设计稿、原画、动画、绘景、描线、上色、校对、摄影、剪辑、作曲、拟音、对白配音、音乐录音、混合录音、洗印、特效等十几道工序的分工合作,密切配合,工程浩大,耗时耗力。制作成本高,分工细,可控性差。

而 Flash 虽然制作与传播方便,但画面较为粗糙、生硬单一,不够自然。在表现复杂的动作变化操作时,Flash 就不如传统动画方便,电脑毕竟是人工智能的产物,只能按照设计好的指令去完成相应的操作。而实际画面中细微的技巧处理,如"转面"、人物表情的细微变化等方面,Flash 的细节效果都远不如传统动画设计那么自然灵活。

Flash 动画与传统动画互有长短,取长补短,优势结合才能制作出精品。既然 Flash 动画一经问世就倍受追捧,我们在使用 Flash 制作动画时,综合利用传统动画的优势,在表现复杂的场景与人物形象时,可以利用传统动画中细腻的表现手法,刻画出自然美丽的场面和栩栩如生的人物形象,来弥补 Flash 动画技巧的不足。而对于画面中重复出现的动作和造型,则可以在传统动画的基础上,做出 Flash 元件,以供制作者方便灵活地运用。总之,传统动画和 Flash 动画在设计过程中有许多互补的地方,需要动画制作者在实践过程中灵活运用。两者只有完美结合,才能创作出经典的动画。

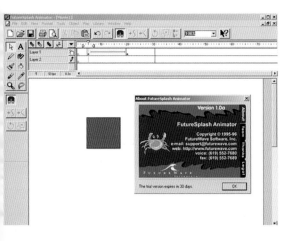

图 4 Future Splash Animator 的界面

▲二. Flash 动画的发展史

1. 出现初期

Flash 诞生于 1990 年代初期，当然那个时候它不叫这个名字。当时，一家叫做 Future Wave 的公司推出了 Smart Sketch 图形软件，它使用触摸笔而不是键盘来操作。后来，Future Wave 将 Smart Sketch 重新设计成一款能在静态网页上插入动画和视频的工具，取名 Future Splash Animator（图 4），是一种早期网上流行的交互式矢量多媒体技术插件，它就是 Flash 的前身。

当时 Future Splash Animator 最大的两个用户是微软（Microsoft）和迪斯尼（Disney）。1996 年 11 月，Future Splash Animator 卖给了 Macromedia 公司，同时改名为 Flash1.0。Macromedia 公司在 1997 年 6 月推出了 Flash2.0，1998 年 5 月推出了 Flash3.0。但是这些早期版本的 Flash 所使用的都是 Shockwave 播放器。自 Flash 进入 4.0 版以后，原来所使用的 Shockwave 播放器便仅供 Director 使用。Flash4.0 开始有了自己专用的播放器，称为"Flash Player"，但是为了保持向下相容性，Flash 仍然沿用了原有的扩展名：SWF（Shockwave Flash）。2000 年 8

图 5 Macromedia Flash MX

图 6 利用 ActionScript 3.0 技术制作的网站

月, Macromedia 推出了 Flash5.0, 它所支持的播放器为 Flash Player 5。Flash5.0 中的 ActionScript 已有了长足的进步, 并且开始了对 XML 和 Smart Clip(智能影片剪辑)的支持。ActionScript 的语法已经开始定位为发展成为一种完整的面向对象的语言, 并且遵循 ECMAScript 的标准, 就像 Javascript 那样。2002 年 3 月, Macromedia 推出了 Flash MX(图 5)支持的播放器为 Flash Player 6。Flash6.0 开始了对外部 JPG 和 MP3 调入的支持, 同时也增加了更多的内建对象, 提供了对 HTML 文本更精确的控制, 并引入 SetInterval 超频帧的概念。同时也改进了 SWF 文件的压缩技术。

2005 年初, Adobe 正式收购 Macromedia 公司, 推出了 Flash CS 版本, 开始对 Adobe 设计软件的完全支持。Photoshop 与 Illustrator 的源文件可以无缝地应用到 Flash 中, 使得 Flash 一跃成为二维动画制作软件。随后又推出了 ActionScript 3.0(图 6), 使得 Flash 性能大幅提升, 语言大幅强化, 拥有了更丰富的网络交互功能。

图 7 国内最大 Flash 发布网站《闪客帝国》

图 8 Flash 在我国的发展情况

2. 繁荣期

2001 年前后，互联网上的动画表现形式仅有 GIF 动画。在那个网速只有 56 ～ 512K 的年代，网页上只要有点能动起来的东西，都非常吸引人们的眼球，Flash 就是在这样的环境下应运而出的。Flash 的播放文件体积小（几百千到几兆），画面精美，而且有放大不失真（基于矢量）的效果，支持流式播放，边下载边播放。在那个时候，互联网上能流畅播放的、可以动起来的大段动画内容的只有 Flash 才做得到。

与此同时，越来越多的人投身到 Flash 动画的创作中，一度出现了 Flash 热。那时，人们把从事 Flash 制作的人称为"闪客"，其中不乏有擅长绘图与动画的专业人员，这样 Flash 动画无论从内容质量上，还是观看人数上都迎来了第一次井喷式的发展壮大（图 7）。

从 Flash MX 开始，Flash 拥有了支持视频播放的能力，可以在 SWF 格式文件中嵌入视频数据，依然支持流媒体播放。随后发布的 Flash MX 2004 开始把视频单独作为一种文件格式提取出来播放，这便是 FLV 格式。FLV 的发布迅速引爆了整个流媒体行业，国外的 YouTube，国内的优酷、土豆都依靠 Flash 流媒体技术迅速建立起来。因此 Flash 播放器的装机率也达到了 95% 以上（图 8）。

图 9 Adobe Animate CC 2015 图标

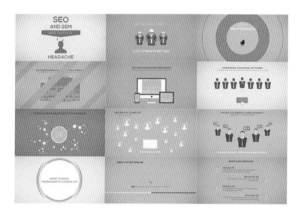

图 10 某企业的 MG 动画宣传片

3. 现阶段

经历了 10 年的高速发展，Flash 动画进入了成熟期。宽带网络的普及使得以体积小巧取胜的 SWF 失去了以往不可替代的地位。人们不再以带宽作为主要衡量标准，视觉效果吸引眼球成了现在动画制作的主要目标。此外，SWF 在安全性上一直受人诟病，搜索引擎不能直接搜索到 SWF 中的内容，使得 Flash 技术上的网站、动画、视频等内容在搜索引擎中变成了信息孤岛，使得越来越多的人开始放弃 Flash 发布，转向其他工具。

随着移动互联网的发展，人们使用智能手机上网的时间远远长于使用桌面电脑上网的时间。然而，Flash 并没有抓住这个平台转换带来的机会。Iphone 从开始便不再支持 Flash 播放，安卓手机虽然支持，但效率低，耗电严重，这些极大地限制了 Flash 技术的发展。

2014 年底，HTML5 技术正式发布，原本只有 Flash 插件可以做到的多媒体交互功能，现如今使用 HTML5 技术支持下基本可以替代，并且对移动端的支持也更好、安全性也大幅提升。这使得 Flash 技术进一步失去了施展空间，人们甚至觉得 Flash 技术已经到了淘汰的边缘。

虽然 Flash 技术有着种种弊端，虽然现在我们已经很难看到 SWF 发布的动画作品，也很难见到单纯使用 Flash 平台开发的网站，但 Flash 作为一种动画的制作工具却仍然生命力旺盛。Flash 作为动画制作开创了一个新的局面，在网络视频技术成熟以后，它依然作为重要的工具广泛地存在于整个动画行业中。毕竟，目前还没有一款无纸动画软件可以像 Flash 这样操作简单易用，且用户基数庞大。如今使用 Flash 制作的动画作品，以视频的方式发布到网站上，Adobe 公司为此也对 Flash 这款软件的定位做了些调整。

2016 年，Flash 更名为 Animate CC（动画）（图 9），更加强化了它动画制作软件的定位。Animate CC 将继续把 Flash（SWF）和 AIR 格式作为首选。而且，通过可扩展架构，它几乎可以输出任意格式的动画，包括 HTML5、SVG 和 WebGL 等动画格式。广大 Flash 动画制作者再也不必担心因为 Flash 平台萎缩而失去了发布渠道，可以尽情地投身到动画制作中。

此外，Flash 动画在内容上经历了十多年的变化更新，越来越丰富多彩。除剧情类动画短片，Flash 在 MG 动画的制作和体现上更是有着得天独厚的优势。

MG 动画全称为 Motion Graphic（图 10），通常翻译为动态图形或者运动图形，通常指的是图文视频设计、多媒体 CG 设计、电视包装、商业广告等。它是纯粹视觉化的产物，没有任何故事情节。通过使用 Flash 制作的 MG 动画，要比传统的平面媒介或 PPT 幻灯片更具感染力，视觉效果也更好，这极大地丰富了 Flash 动画的商业应用领域。

图 11 Flash 动画《炸酱面少女 PUCCA》

图 13 卜桦的《猫》

图 12 Showgood.com 的《大话三国》

图 14 彼岸天的《燕尾蝶》

图 15 B&T 梦工厂的《大鱼海棠》

图 16 拾荒的《小破孩》

三. Flash 动画作品欣赏

Flash 在特定的历史时间承载了许多中国动画爱好者低成本制作自己梦想中的动画片的愿景,在其发展历程中不乏经典之作,如图 11 ~ 图 16。

思考题

现阶段,Flash 动画的内容和投放方式,与之前有什么不同?

第二章

**FLASH ANIMATION
CREATION PROCESS**

Flash 动画片的创作过程

本章知识点：运镜式剧本的书写方式；动画角色设计；动画场景设计；动画镜头设计。

一．剧本编写

剧本是指将一个节目按照其时间、内容顺序安排演出的内容。它是一部作品的文字骨架，创作一部 Flash 动画首先需要一个好的剧本构思。剧本和一个完整的 Flash 剧情动画作品的关系，就好像地基和一栋建筑物的关系。地基没有建设好，在该地基上建造的建筑物就会不稳固、不牢靠。一个精彩的动画作品，不论是年度大作或者是小本经营的 Flash 短片，都必定有一个完善、精彩的剧本。有些 Flash 动画创作者把大部分的精力放在后期制作环节，而对剧本的创作不太重视，甚至敷衍了事，力图通过设计各种亮丽的造型、流畅的动画和眼花缭乱的特效等方式来吸引观众，这样的创作态度是不正确的。

一部以较好剧本为灵魂的 Flash 作品，即使在其他技术方面表现得稍微粗糙一些，大部分观众却也愿意认同它们。但如果一个 Flash 动画作品剧本太过简陋、庸俗，即使各种绘图、动画和其他后期制作非常专业，但由于剧本缺乏生命力，其演出效果或许能够让观众认同专业技术人员制作的水准，却无法让他们产生精

图 1 根据歌词内容改编的《东北人都是活雷锋》

图 2 根据三国历史人物改编的喜剧动画《大话三国》

神上的共鸣，无法让观众对该作品有更深入的体会和了解的心态。严重的话甚至会让观众产生厌恶的心理，从而使观众对其他制作技术层面表现的看法产生偏差。

所以，创作一个好剧本，是制作一部精彩 Flash 动画所必须优先考虑的。其余所有制作环节，必须以准确、生动、丰富地表演出剧本所要求的故事内容为设计目标（图 1）。

一般来说，剧本的创作可分为原创剧本与改编剧本。原创剧本对于一般制作者来说难度较大，要创作一个从来没有人讲过的精彩故事，是所有 Flash 创作者所面临的最有趣和最具挑战性的任务。

许多 Flash 作品使用改编剧本，改编剧本在原有剧本的基础上，加入新的、适合现代口味的元素，使原有剧本呈现焕然一新的面貌。

改编剧本从形式上可以分为两种方法，一种是使用原有故事中的角色进行改编，这一类的作品，虽然使用了原有角色，但在剧情和剧本内涵上，可能有较大的改动。另一种是不使用原有角色，只利用原有故事的内涵（图 2）。

la caméra suit le papillon. Le soleil s'éteint.
(noir total)

Une lumière artificielle se rallume, les couleurs vives de
l'environnement perdent de leur éclat. On découvre que
cette nature est artificielle, que tout est factice.

La jeune fille se redresse Les éléments d'un décor
apparaissent (faux ciels, faux nuages etc...)

Elle quitte le décor, la mine dépitée.

Elle longe une file d'attente constituée d'enfants arborant
la même expression morose.

Elle sort du champ, le décor se remet en route, un nouvel
enfant s'élance.

图 3 带画面的运镜式脚本草稿

1. 剧本的写作方法

Flash 剧本写作方法可以分为小说式写作和运镜式写作两类。

（1）小说式写作

小说式写作，就是指把剧本写成小说，导演或者负责划分镜头的工作人员可以按照小说式剧本的内容来构造镜头。

小说式剧本的缺陷在于，描叙过于文学性，许多时间与空间概念仍然比较含糊，镜头划分人员必须用大量的精力来筛选小说式剧本中的可用情节，并构想如何表达各个剧情场面，用小说式剧本来构造镜头，对分镜头台本创作者来说是非常吃力的（图 3 ）。

当一个作家被委任创作一个 Flash 卡通剧本的时候，也许他的镜头语言能力欠缺，那么这个作家就只好使用小说式写作方法。

（2）运镜式写作

相比小说式写作，运镜式剧本写作方法则是一种非常实用、具有完全分镜功能的文字剧本创作方式，运镜式剧本使用视觉特征强烈的文字表达方式，把各种时间、空间氛围用直观的视觉感受量词表现出来。运镜式剧本其实就是使用镜头语言来写作，用文字形式来划分镜头。

有了运镜式剧本，负责绘制分镜头台本的工作人员不用再揣摩剧本中的字句应该怎样取舍，应该用怎么样的画面来表现。这样不仅大大降低了工作量，也更加能够准确表达出文字剧本的各种意图。

2. 剧本写作中应避免的问题

与其他文学作品不同，文字剧本只是整个Flash 动画作品的一个创作环节。Flash 剧本必须以便于进行下一个环节为形式上的目的来进行写作。刻画和深入细腻，可以使动画制作者清晰准确地描绘出故事情节中的场景。这样就可以写出一个在整体上和细节上都相对完整的故事，这样就弄清了剧本。

剧本是给动画制作者看的，不是写给观众的，因此剧本的书写要既简练又清楚。书写动画剧本时不要过多地使用飘逸感很强的形容词，要多用一些朴实的描写、深刻的语句来描绘要展现的画面，以避免以后在制作过程中理解出歧义的画面。如果 Flash 剧本写得跟散文诗、古典诗歌或者超现实主义小说一样，文笔非常美妙，却无法给人直观的时间、空间印象，即使这个 Flash 剧本写得再华丽、再有文学价值也是徒劳的。

所以，为了便于划分镜头，Flash 剧本的写作不能够只注重文学性，而要注意控制演出时间、各种剧情含量与制作成本等 Flash 成片制作要素。另外，写动画剧本同写真人影片剧本有所不同，这是由动画的本身特点所决定。动画传承了喜剧及幽默剧的深远传统，强调艺术夸张的表现手法，这样就使动画影片有更多的艺术表现力，使影片更加有深入的艺术效果和视觉效果。同时作为动画自身来说，肢体语言也是视觉表象上一个重要手段。动画同真人影片有种不同之处，是它不适合过多的口语对白。如果要加深刻画故事剧情，要避免动画角色丰富的表情对白动作，发挥动画的长处，强调肢体语言的表达方式，从而增添动画影片的艺术观赏性。

二．角色设计与定位

1. 动画角色的设计理念

　　动画角色是一部 Flash 动画片的核心，是重中之重，所以动画角色的设计是一部动画片至关重要的组成部分。动画角色造型是用形象的符号，将抽象的象征意义转化为具象并直接诉诸人类视觉的艺术形式。动画造型是多种造型方式中的一种，常常采用拟人、变形、夸张的手法，将文字剧本中的角色设计为视觉形象并应用于相应动画影像中。

　　动画角色造型在整个作品中占有非常重要的地位。一个好的动画造型要能够充分传达角色的性格，成为故事情节的载体，能够激发观众的情感，引起观众的共鸣。由动画的造型授权而获得的商业价值，几乎不输于任何一位好莱坞巨星。

　　动画角色在某种程度上和电影演员形象区别开来。如电影拍摄中，导演会在现实演员中寻找符合剧本需求的演员，演员角色的选择是现实生活存在的本体，而这个本体本身亦是具有独特的气质和特点的。而动画角色设计是完完全全地从无到有，以想象力的发挥创作出符合剧本需要的角色。从外观形态到动作动态，

再到台词，都是原画设计师所给予的。在设计时要依据剧本的时代背景和剧情开始创作角色形象，其中包括五官、身高、服饰、性格等。

2. 动画角色的基本特征

　　Flash 动画中，角色的定位相当于一部电影里的演员，是在动画里模仿生命的形式进行表现的主体。动画角色可以表达感情和意义，动画角色是由艺术家创造的现实生活中不存在的形象。它包含以下基本特性：

（1）趣味性

　　一部优秀的动画作品为了表现其艺术感染力，在角色设计时往往突出强调其趣味性。趣味性是动画成功的前提，只有动画有趣了才能够充分吸引观众的眼球，一部平淡无奇的动画是不可能获得市场认可的。

（2）符号化

　　动画角色形象的符号化也是角色设计的特征之一，往往是以简练、概括的造型为基础，主要目的是强调造型特征给人的辨识度。在角色设计时进行精简、概括，设计出来的角色犹如一个独特的符号一般。

图 4 年轻男性动画角色设定

图 5 年轻女性动画角色设定

（3）动态性

　　动画之所以区别于绘画作品就是因为它不是单帧的静态图片，而是多张单帧静态图片组成运动、连续的图像，所以在动画角色设计时需要设计出角色的动作、动态，还要根据剧本绘制出动画角色在不同剧情里的不同状态。

　　另外，对于动画角色造型来讲，一般分为人物造型与拟人化造型两种。人物造型，一般指以人类为题材的动画影片。拟人化造型设计，我们通常指的是那些以动物题材为主的动画影片，也有以植物为主的动画影片。它是根据动物的一些主要特征给它赋予一些人的性格甚至人的行为、表情等（图 4、图 5）。

图 6 场景设计 "冬天里的小屋"

三 . 场景设计

现代动画场景指的是影视动画角色活动与表演的场合与环境。这个场合与环境既有单个镜头空间与景物的设计，也包含多个相连镜头所形成的时间要素。动画艺术是时间与空间的艺术，是影视艺术的一个分支，动画场景的设计无不打上影视艺术的烙印。

在传统手绘动画艺术中，角色的表演场合与环境通常是手工绘制在平面的画纸上，拍摄镜头时将所画好的画稿衬在绘有角色原画、动画的画稿下面进行拍摄合成，所以人们又习惯性地将绘有角色表演场合与环境的画面称为"背景"（图 6）。但随着现代影视动画技术的发展，通过计算机制作的动画角色的表演场合与环境，无论在空间效果、制作技术、设计意识和创作理念上，都更加趋向于从二维的平面走向三维的空间与四维的时间的探索，更加关注对时间与空间的设计与塑造。因此，动画角色表演的场合与环境的"场景说"渐渐地取代了"背景说"。

在 Flash 动画片的创作中，动画场景通常是为动画角色的表演提供服务的，动画场景的设计要符合要求，展现故事发生的历史背景、文化风貌、地理环境和时代特征。要明确地表

图 7 场景设计 "童话森林"

达故事发生的时间、地点，结合该部影片的总体风格进行设计，给动画角色的表演提供合适的场合。在动画片中，动画角色是演绎故事情节的主体，动画场景则要紧紧围绕角色的表演进行设计。但是，在一些特殊情况下，场景也能成为演绎故事情节的主要"角色"。

动画场景的设计与制作是艺术创作与表演技法的有机结合。场景的设计要依据故事情节的发展分设为若干个不同的镜头场景，如室内景、室外景、街市、乡村等，场景设计师要在符合动画片总体风格的前提下，针对每一个镜头的特定内容进行设计与制作。创作出各具特色的动画片，既是动画艺术家对个性化的追求，也是不同层面观众的多样化需求（图7）。

动画场景的类型与风格的变化，深受民族、时代、地域、传统文化等多方面的影响，从我国早期以水粉绘制的写实风格的动画场景到欧洲极富表现力的现代抽象绘画风格的动画场景，从借鉴我国敦煌壁画艺术到用水墨画、剪纸、版画等风格的设计，不同时代美术思潮对动画场景设计的影响尤为突出。

场景	第 1 场							
镜号	景别	摄法	时间	画面内容	解说	音响	音乐	备注

图 8 文字为主体的分镜头设计表范例

图 9 方便画面内容绘制的动画分镜表

四．分镜头设计

1. 分镜头的设计方法

Flash 动画中的分镜头设计，是整个动画从创意到制作实现的重要部分。它是指按照剧本提供的每一个镜头的内容，根据创作者的意图，逐个将每个镜头进行画面的设计和绘制。然后再确定角色在镜头的位置、角度以及与场景的关系等（图 8 ~图 10）。

动画的分镜头设计主要以表格的形式来体现，由以下内容组成：

（1）场景

场景是 Flash 动画短片的基础单位。一段动画需要几个到几十个场景组成。一般来说，每个场景会都会有一份分镜表。

（2）镜号

即镜头的顺序号，按组成动画场景的先后顺序来标注数字。它作为某个镜头的代号，在制作时环节可以不按照顺序，但最后合成正片必须按照这个序号进行编辑。

（3）景别

依据创作的需要确定突出整体还是局部，一般有全景、远景、中景、近景、特写等。

（4）摄法

用来说明推、拉、摇、移、跟等基本拍摄技巧。动画中，因为没有真实的摄像机，一切的拍摄运动都以画面内运动来体现。

（5）时间

指一个镜头画面的时间，表示该镜头的长短，一般按照"秒"作为单位来标注，在 Flash 动画中也可以按"帧"作为基本单位。

（6）画面

用文字来描述拍摄的具体画面，包含画面内的人物、背景、人物行为动作、画面内的运

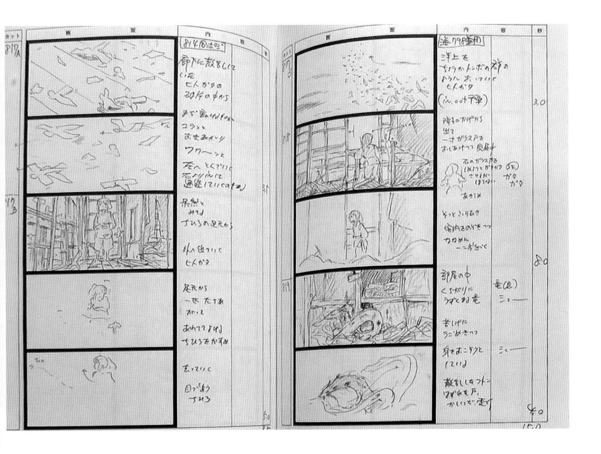

图 10　绘制完成的分镜表

动等。这部分是整个分镜表的关键部分，也可以直接用绘画加文字的形式来描述，这样更加直观。

（7）解说

对应镜头的解说，包含画面中的对白、旁白、独白。

（8）音响

在对应镜头上注明使用的效果音，一般指环境声（如飞机场、城市交通等环境音效）。

（9）音乐

注明使用背景音乐的曲名以及起始位置，用来作情绪上的补充和深化，增强表现力。一般仅需在开始和结束标注。

（10）备注

为方便记事而安排，可以填写特殊要求或注意事项。

以上内容是构成分镜表的主要内容，但这并没有统一的标准，在具体的制作过程中，分镜头脚本会根据实际动画的要求做相应的调整，分镜头表的内容也会随之变动。分镜头的目的是让动画制作更可控、更统一、更高效，并不一味追求格式上的统一。

2. Flash 动画基本的镜头位

Flash 动画要表达故事，要将动画导演的意图通过画面表达给观众，就需要镜头。这一点与其他影视作品相同。

所谓镜头其实有两个不同的含义，对前期拍摄的人来说，镜头是指摄像机一次开机到关机的记录过程。而对于后期制作和观众来说，一个镜头是指一次连续不间断、无剪切的画面片段。

镜头位是指任何镜头开始时，摄影机在真实空间中所停留的位置即摄影机的位置。但是因为 Flash 动画是通过在电脑上的软件中制作，并没有真的摄像机操作，要将镜头位在 Flash 动画中表现出来，只能通过画面的变化来体现。

镜头位根据表现动画主体具体方位，可以分为：

（1）正拍

从正面表现动画主体的方式。

（2）正侧拍

从动画主体正侧面方位进行表现的方式。

（3）斜侧拍

从界于动画主体正面与正侧面（或正背面）之间进行表现的方式。

（4）被拍

从动画主体背面方位进行表现的方式。

镜头位按照表现动画主体高度，可分为：

（1）平拍

与动画主体持水平状态的表现方式。

（2）仰拍

从低处对动画主体进行表现的方式。

（3）俯拍

从高处对动画主体进行表现的方式。

镜头位按照表现动画主体距离，就是我们称为"景别"的概念，可分为：

（1）远景

以表达有关环境的诸如空间范围、数量规模、空间关系等整体视觉信息，表现场景的诸如气氛、气势等整体观感为主。

（2）全景

以表达动画主体整体视觉信息为主，同时保留了与主体密切相关的一定范围的环境信息，但主体的视觉形象是画面的内容中心和结构中心。

（3）中景

以表达动画主体的大部分视觉信息为主。

（4）近景

以表达动画主体的主要部分的视觉信息为主。

（5）特写

以突出动画主体的神情、质感和局部细节为主。

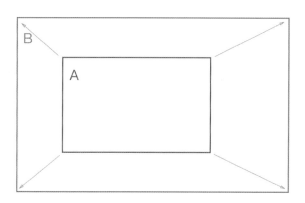

图 11 推／拉镜头示意图

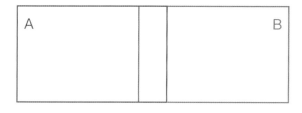

图 12 摇镜头示意图

3. Flash 动画常用的运动镜头

（1）推／拉镜

（图 11）画面由小到大或由大到小的缩放过程。镜头 A 与镜头 B，当镜头由 B 向 A 移动时，就是推镜头，当镜头由 A 向 B 进行缩放时就是拉镜头。

直白理解，推镜头就是把镜头向前推，我们想要看清某一个物体时，使用照相机或摄像机要调整光学变焦，让镜头离物体更近。

拉镜头正好相反，镜头离物体很近，要缩回光学变焦，镜头回到原来的位置，我们的视野由局部变为更广的范围，就是拉镜头，把镜头向我们的视点拉近。

（2）摇镜头

（图 12）摄像机的位置不动，而是移动镜头的方向，好比我们看着一个地方，转头看到另一个地方，在使用摇镜头时，我们的动画画面是要经过变形的处理才能表现的。

在动画片中摇镜头的画面要经过特殊的变形处理，因为要在平面的空间表现三维的画面。

要特别注意，摇镜头时摄像机的点是不变

的，只是在做向上下左右的旋转操作。

（3）移镜头

（图 13）从上到下移动镜头或从左到右移动镜头，或从一个地方将镜头移动到另一个地方，通过移动摄像机的位置拍摄画面都称为移镜头。

镜头从 A 向 C 进行移动拍摄。

（4）跟镜头

（图 14）摄像机跟随运动着的被拍摄物体移动，该物体在画面中心位置不变，前后景在变化。

人在镜头内走动，人物的位置不变，他在做走路循环动画，只有背景移动，这样的镜头经常可以在游戏中遇到。

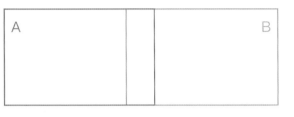

图 13 移镜头示意图

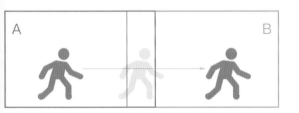

图 14 跟镜头示意图

图 15 切镜头示意图

图 16 甩镜头示意图

（5）切镜头

（图 15）一个画面直接转到下一个画面，是电影电视常用的转换镜头方式，为了避免画面枯燥，一般 3~5 秒切一次镜头。

（6）甩镜头

（图 16）甩镜头是在 Flash 动画里最常见的镜头，很多 Flash 动画的转场都会采用甩镜头的技巧，摄像机突然从一个拍摄点甩到另一个拍摄点，在这过程中物体会模糊变形。

镜头从 A 到 B 快速移动的过程中，A 镜头会由于速度而模糊，这种镜头在 Flash 动画中表现镜头快速移动时经常可以遇到。

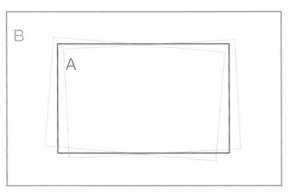

图 17 晃动镜头示意图

（7）晃动镜头

（图 17）晃动镜头效果，摄像机做左右上下晃动，比较适合用作主观镜头，在表现跑步、汽车行驶等动作时可以得到非常好的效果。

如图中 A 为镜头，B 为画面，B 在 A 镜头的范围内做上下左右移动，达到晃动的效果，如巨石落地，落地时，地面会上下运动，这个运动过程就称为晃动镜头。

除了上述介绍的镜头外，还有升降镜头、旋转镜头、推移镜头等，我们可以根据需要灵活变化镜头的表现方式，创造出更多更好的镜头效果。

（要想了解更多的分镜台本设计专业内容，请查看上海人民美术出版社出版的《动画分镜台本设计》姚光华著）

联系题

以"里约奥运"为主题，设计并绘制一套 30 个镜头左右的分镜脚本，按图 8～图 10 所示制成分镜头表。

第三章

FLASH ANIMATION
FOUNDATION

Flash 动画基础

图 1 Adobe Animate CC 启动界面

本章知识点: Adobe Animate 界面功能; 图形与元件的创建与编辑; 创建和编辑补间动画; 字体的运用; 影片导出与发布。

◢一 . Flash 的界面构成

前面章节提到 Adobe 公司最新更新的 Flash 版本已经更新到了 CC 2015.2, 并且软件更名为 Animate CC。然而 "Flash" 一词已经不仅仅是一个软件的称呼, 更是一种动画制作方式, 乃至一种动画表现形式的称呼。因此本书在介绍动画制作时仍然沿用 "Flash 动画" 一词, 具体的软件工具介绍则用 Animate CC 表述。

1. 启动界面

打开软件首先映入眼帘是 Animate 的启动界面(图 1), 由于创新性地提供了对 HTML5 的支持, 本次更新后该软件的体积比较庞大。左下方 "An" 是这个软件的官方简称。

目前 An 支持 Windows 与 Mac OS 两个系统平台。Windows 平台的用户建议升级到 Win10 系统下安装。而在 Mac 平台, An 暂时不支持简体中文界面。当然, 如果你同时拥有 Mac 版和 Windows 版的 An, 可以从

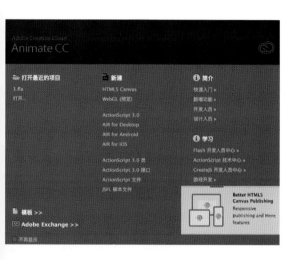

图 2 欢迎界面

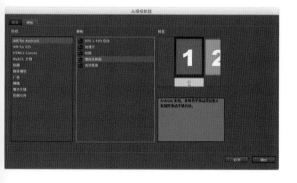

图 3 模版选择窗口

Windows 版本的安装目录中找到 "zh_CN" 文件夹，然后替换 Mac 安装目录下的 "en_US" 文件夹，这样 Mac 版也能显示简体中文的界面了。

2. 欢迎界面

An 的欢迎界面（图 2）主要为软件者提供创建文件与打开文件的便利，同时也能清晰地看到 An 可以支持哪些格式的输出。其中 HTML5 和 WebGL 动画的输出首次被支持。

An 提供了不少具有使用价值的模版，给使用者带来不少便利。选择欢迎界面中的 "模版"，就可以打开模版选择窗口（图 3）。

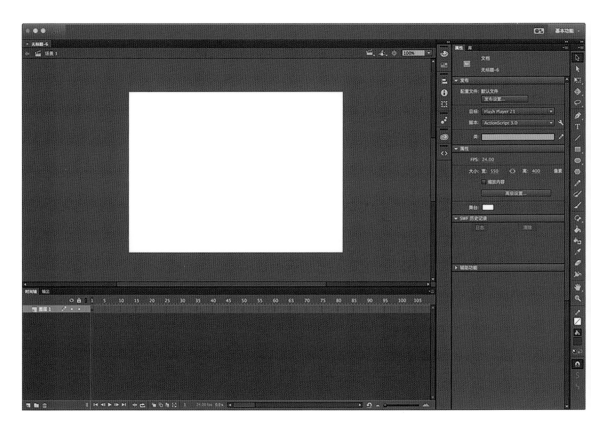

图 4 An 主界面

图 5 快速工作区

图 6 An 的菜单栏

图 7 主程序菜单

3. 主界面

选择新建后, 就可以看到 An 的主界面(图4), 也叫工作区。主界面由多个面板组合而成, 在默认情况下, An 使用的是"基本功能"的工作区, 用户可以根据需要修改或自定义工作区(图 5)。

4. 菜单栏

菜单(图 6)栏集中了各种素材编辑、工具使用、窗口界面等各项内容, 功能丰富, An 中大部分命令操作和软件设置都集中在这里。

主程序菜单用于调整 An 的软件参数设置, 以及窗口控制(图 7)。

文件	
新建...	⌘N
打开	⌘O
在 Bridge 中浏览	⌥⌘O
打开最近的文件	▶
关闭	⌘W
全部关闭	⌥⌘W
保存	⌘S
另存为...	⇧⌘S
另存为模板...	
全部保存	
还原	
导入	▶
导出	▶
发布设置...	⇧⌘F12
发布	⌥⇧F12
AIR 设置...	
ActionScript 设置...	

图 8 文件菜单

编辑	
撤消	⌘Z
重做	⌘Y
剪切	⌘X
复制	⌘C
粘贴到中心位置	⌘V
粘贴到当前位置	⇧⌘V
清除	⌫
直接复制	⌘D
全选	⌘A
取消全选	⇧⌘A
反转选区	
查找和替换	⌘F
查找下一个	F3
时间轴	▶
编辑元件	⌘E
编辑所选项目	
在当前位置编辑	

图 9 编辑菜单

图 10 视图菜单

（图 8）文件菜单用于创建、保存和发布动画文件，同时动画元素的导入和导出也在这个菜单下操作。

（图 9）编辑菜单主要用于 An 动画元件的编辑，并对编辑的过程进行管理。

（图 10）视图菜单主要用于对 An 作品舞台大小控制，制作过程是比较常用的。当然，实际制作中最好还是用快捷键可提高效率。

图 11 插入菜单

（图 11）插入菜单主要用于在 An 制作中，将控制元件添加到舞台。同时，也用于添加时间轴中图层或帧。

图 12 修改菜单

（图 12）修改菜单用于对元件和图形的形变和组合。同时，也可以修改文档参数。

图 13 文本菜单

（图 13）文本菜单用于编辑 An 中的文本内容。

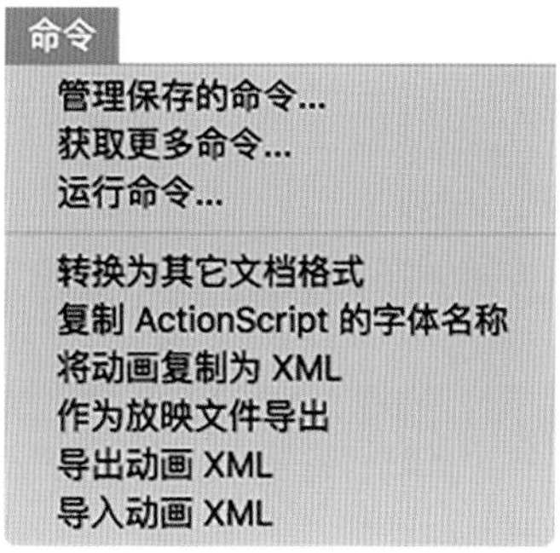

图 14 命令菜单

（图 14）命令菜单主要是针对 Flash 的脚本语言 ActionScript 进行管理。

图 15 控制菜单

（图 15）控制菜单用于对动画影片的预览和调试。

图 16 调试菜单

（图 16）调试菜单主要用于影片的调试，主要面向 ActionScript 的开发者。

窗口	
直接复制窗口	⌥⌘K
✓ 编辑栏	
✓ 时间轴	⌥⌘T
✓ 工具	⌘F2
✓ 属性	⌘F3
CC Libraries	
库	⌘L
画笔库	
动画预设	
帧选择器	
动作	F9
代码片断	
编译器错误	⌥F2
调试面板	▶
输出	F2
对齐	⌘K
颜色	⇧⌘F9
信息	⌘I
样本	⌘F9
变形	⌘T
组件	⌘F7
历史记录	⌘F10
场景	⇧F2
浏览插件...	
扩展	▶
工作区	▶
隐藏面板	F4
✓ 1 无标题-1	

17 窗口菜单

帮助	
Animate 帮助	F1
Animate 支持中心	
获取最新的 Flash Player	
Adobe Exchange	
管理扩展功能...	
管理 Adobe AIR SDK...	
更新...	
注销 (107051002@qq.com)	
管理我的帐户...	
Adobe 在线论坛	

图 18 帮助菜单

（图 18）帮助菜单主要提供 An 的在线帮助，以及提供 An 相关的扩展功能。

（图 17）窗口菜单用于对 An 主界面工作区进行管理，用户可以按需求自定义界面。

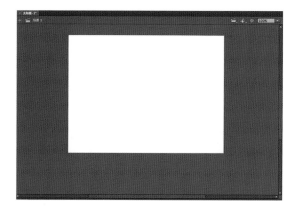

图 19 舞台

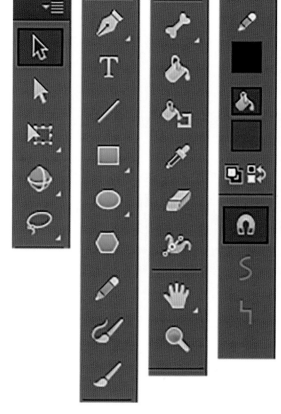

图 21 工具栏

图 20 时间轴

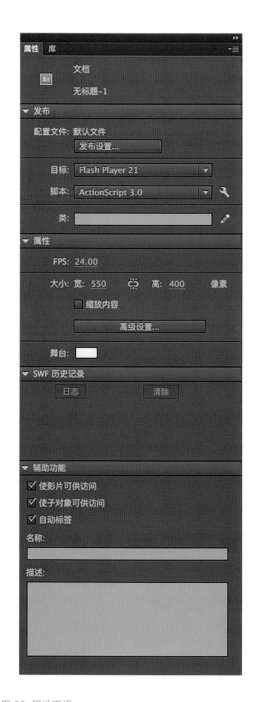

图 22 属性面板

5. 主要功能模块窗口

　　舞台窗口（图 19）是控制 Flash 动画文件的主要窗口，关闭它就相当于关闭整个 Flash 文档。舞台窗口是所有内容素材视觉呈现的地方，它可以呈现场景、元件、图形、图层的形态、动态、位置等信息。

　　一般情况下一个舞台可以包含 N 个场景。一个场景可以包含 N 个元件，一个元件可以包含 N 个其他元件，也可以包含图形。由此，我们可以知道，在 Flash 的逻辑中，舞台是一部动画作品的最大单位，一部动画只有一个舞台。

　　"时间轴"面板（图 20）是 An 中重要的操作窗口，在 Flash 动画制作中，它主要负责动画动态的控制。与舞台不同，时间轴主要控制图层逻辑和时间控制。如果说舞台是动画的拍摄场地，那么时间轴就是动画导演。每个在舞台上的内容都必须按照时间轴来操控。

　　工具栏（图 21）主要负责对图形和元件的控制，在 An 中，工具栏的界面也被合理地进行区分，主要分为选择位移类、图形创建类、形变修正类、视图查看类、色彩处理类、绘图辅助类。工具栏图标中如果右下角有箭头，则代表图标为折叠工具按钮，我们可以点击展开相应工具。

图 23 折叠窗口框

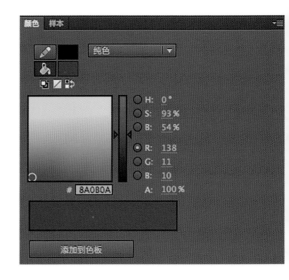

图 24 颜色窗口

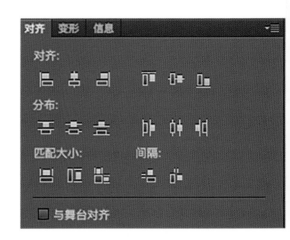

图 25 对齐窗口

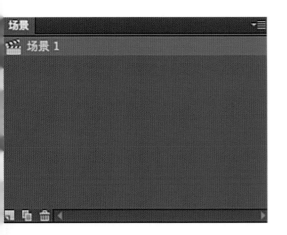

图 26 场景窗口

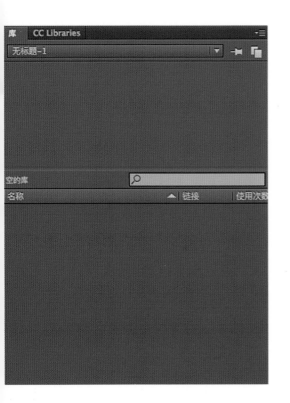

图 27 库窗口

属性面板（图 22）用于对工具和图形内容的控制，它根据不同的工具和图形而显示不同内容。它主要与工具配合使用。

由于 An 的功能越来越多，界面也随之愈发复杂，折叠窗口（图 23）框用来显示 An 界面中无法展开的窗口，点击按钮就会显出折叠的窗口内容。我们也可以通过"菜单——窗口"来对折叠窗口进行添加和删除。

颜色窗口（图 24）用于调整图形与元件的填充色、边框色、透明度以及渐变颜色。

对齐窗口（图 25）主要用来对元素位置进行调整，也可以控制元件大小。

场景窗口（图 26）用来管理动画场景。

库窗口（图 27）用来管理 An 制作中所有元件和图形，它就相当于一个大后台。对库的管理清晰是制作 Flash 动画的重要工作。

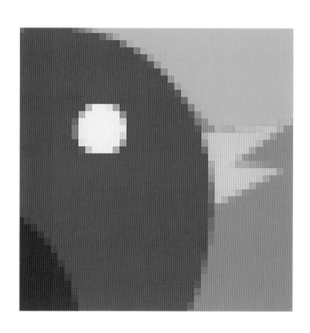

图 28 放大 800% 后的位图

二．利用 Flash 绘制图形

1. 位图和矢量图

我们需要知道计算机是以位图格式或矢量来显示图形。了解这两种格式的差别有助于您更有效地工作。使用 An 可以创建压缩矢量图形并将它们制作为动画。An 还可以导入和处理在其他应用程序中创建的矢量图形或位图图形。

(1) 位图

位图（图 28），又称光栅图、像素图，一般用于照片品质的图像处理，是由许多像小方块一样的像素组成的图形。由像素的位置与颜色值表示，能表现出颜色阴影的变化。简单说，位图就是以无数的色彩点组成的图案，当你无限放大时你会看到一块一块的像素色块，效果会失真.常用于图片处理影视婚纱效果图等，Photoshop 就是典型的位图编辑软件。

处理位图时要着重考虑分辨率。处理位图时，输出图像的质量取决于处理过程开始时设置的分辨率高低。分辨率是指一个图像文件中包含的细节和信息的大小，以及输入、输出或显示设备能够产生的细节程度。处理位图时，分辨率既会影响最后输出的质量，也会影响文件的大小。分辨率越高，图形像素就

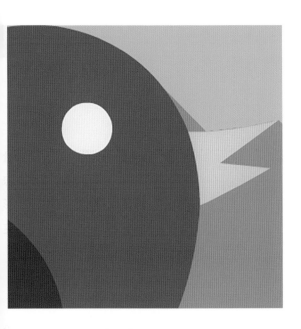

图 29 放大 800% 后的矢量图

越多，图片越清晰。当然，代价就是图像的存储体积也会变得庞大。显然矢量图就不必考虑这么多。

（2）矢量图

矢量图（图 29）也称为面向对象的图像或绘图图像，在数学上定义为一系列由线连接的点。矢量文件中的图形元素称为对象。每个对象都是一个自成一体的实体，它具有颜色、形状、轮廓、大小和屏幕位置等属性。既然每个对象都是一个自成一体的实体，就可以在维持它原有清晰度和弯曲度的同时，多次移动和改变它的属性，而不会影响图例中的其他对象。这些特征使基于矢量的程序特别适用于图例和三维建模，因为它们通常要求能创建和操作单个对象。基于矢量的绘图同分辨率无关。这意味着它们可以按最高分辨率显示到输出设备上。矢量图以几何图形居多，图形可以无限放大，不变色、不模糊。

通过 An 直接绘制的图形都属于矢量图形，从外部导入的照片一般都属于位图。还有其他情况，之后会详细说明。

图 30 基本的图形绘制工具

图 32 圆角矩形的绘制效果

图 31 图形工具属性

图 33 星形工具

图 34 选择工具

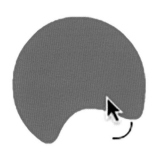

图 35 图形编辑中

图 36 "部分选取工具"

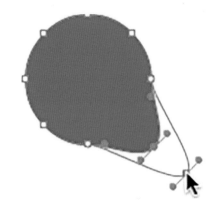

图 37 矢量节点调整

2. Flash 图形的绘制

(1) 图形工具

在 An 中, 最简单的绘制方式便是直接使用图形工具 (图 30) 来绘制。绘制前, 我们可以在属性面板中先做相应设置, 我们选择矩形工具, 设置填充为红色, 描边无, 矩形圆角设为 10°绘制效果 (图 31)。

An 支持矩形、椭圆、多边形、星形等几何图形, 在绘制过程中, 如果按住 "Shift" 键绘制, 则我们可以得到正方、正圆、正多边形以及正星形 (图 32)。这些工具十分方便, 给创作者带来了极大的便利。

需要注意的是, 在绘制星形时, 星形工具并没有直接体现在界面上, 我们可以通过 "多边形工具 — 属性 — 工具设置 — 选项 — 样式 — 星形 — 确定" (图 33)。

光使用简单的几何图形并不能绘制动画, 我们可以用到 "选择工具" (图 34), 来对形状进行调整。在靠近图形的边缘时 (注意此时不要选中图形), 鼠标附近会出现一个月牙状的图标 (图 35), 这表示可以对图形进行形状调整。

我们也可使用 "部分选取工具" (图

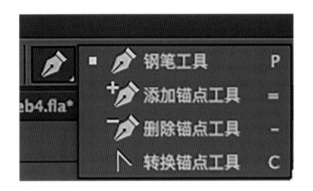

图 38 钢笔工具

36），对图形的矢量节点进行更精确的调整（图37）。

（2）钢笔工具

An 的钢笔工具（图 38）是融合四种工具为一体的系列工具，包括"钢笔工具"，添加"锚点工具""删除锚点工具""转换锚点工具"。

直线绘制：使用鼠标选择"钢笔工具"，"钢笔工具"的快捷键是"P"，在舞台中单击鼠标，会出现一个小圆圈，选择其他位置，再次单击鼠标，从刚才小圆圈的位置到我们第二次单击鼠标的位置就会自动连接一条直线。

曲线绘制：使用鼠标选择"钢笔工具"，在舞台中单击鼠标，会出现一个小圆圈，在第二次单击舞台区域后，不要松开鼠标左键一直按住鼠标左键，进行拖动，直线随着我们的拖动而变为了曲线。

按住"Alt"键切换为"转换锚点工具"。在绘制过程中，临时按住"Alt"键，可以切换为"转换锚点工具"，选择线段上的锚点进行弯曲等调整（"转换锚点工具"只能对锚点进行调整，如果使用"转换锚点工具"选直线是编辑不了直线的）。松开"Alt"键，自动转换回"钢笔工具"。

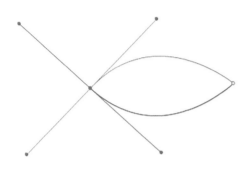

图 39 钢笔工具绘制图形

在绘制锚点的同时，按住"Alt"键调整调节杆。在绘制锚点并拖动调节杆将直线变为曲线的同时，按住"Alt"键，可以调整其中控制杆的角度，方便绘制需要的线段（图 39）。

两个"Alt"快捷键使用的区别，操作 A 中是在绘制完线段的基础上，按下"Alt"键切换为"转换锚点工具"，然后对已绘制完的锚点进行弯曲等编辑；操作 B 中是在绘制锚点的进程中按下"Alt"键，可以调整其中一个控制柄的位置，为下一步曲线的锚点做准备。

在绘制完一段线段后，按住"Ctre+Alt"键可以依次将功能切换为"添加锚点工具""删除锚点工具和转换锚点工具"。

切换为"添加锚点工具"：在绘制完一段线段后，使用"钢笔工具"移动到线段中央，按下键盘"Ctre+Alt"键，"钢笔工具"会被临时切换为"添加锚点工具"，这时单击线段，即可为线段添加一个锚点。

切换为"转换锚点工具和删除锚点工具"：在绘制完一段线段后，首先按下"Ctre+Alt"键会变为"添加锚点工具"，这时鼠标只要不变位置，不松开"Ctre+Alt"键，在添加完锚点的基础上，鼠标会变为"转换锚点工具"，这时可以对线段进行曲线的编辑；继续按住"Ctre+Alt"键，再次单击锚点，鼠标会变为"删

图 40 "铅笔工具""画笔工具"和"刷子工具"

图 41 绘画模式切换

图 42 数位板与"画笔工具"绘制的卡通造型

除锚点工具",可以对锚点进行删除。

（3）铅笔、画笔和刷子工具

"铅笔工具""画笔工具"和"刷子工具"（图40）都是 An 的绘画工具。以拖动鼠标的方式进行自由手绘，但铅笔与画笔工具绘制的是无填充的线条，而"刷子工具"绘制的是无线条的填充色。

在选项区中可以选择绘画工具的三种类型，分别是"伸直、平滑、墨水"（图41），可以根据需要选择不同的绘图类型，如果配合手写板进行绘制，更能体现出快速准确的特点。

选择"伸直"模式，绘制的图形线段会根据绘制的方式自动调整为平直或圆弧的线段。

选择"平滑"模式，所绘制直线被自动平滑处理，平滑是动画绘制中首选设置。

选择"墨水"模式，所绘制直线接近手绘，即使很小的抖动，都可以体现在所绘制线条中。

（4）综合运用

在实际操作中，我们可以根据 Flash 动画的相应风格来决定使用哪一类工具。如果是扁平矢量风格的动画,那么采用"图形工具"或"钢笔工具"比较方便,如果是手绘卡通造型,那么用"画笔"等工具方便一些。

这个案例,我们只需要通过绘制简单的几何图形,然后再用"选择工具"做一些变形就可以完成人物的头部。其中,眼睛、耳朵、眉毛都只需要画一次,然后使用复制并水平翻转即可。需要注意,动画人物的绘制不要将其五官和四肢都画在一个图层,不然无法做动画(图42~图44)。

图 43 矢量扁平风格的 Flash 动画

图 44 人物头像分解绘制

三．元件的创建与编辑

1. 元件的类型

元件相当于一个承载 Flash 内容元素的容器。在一部 Flash 动画中，如果一个元件多次出现，那么该动画的文件体积并不会增加。这一特点也是 Flash 成名的要素。此外，元件还可以通过多次的嵌套来完成较复杂的动画动态，为动画制作带来了方便。

元件主要有以下特点：

○在舞台上表演的是元件实例，而非元件本身，元件则一直在库中。

○将元件从库中拖到舞台上，就生成了一个元件实例。

○对元件实例的操作不影响元件本身。

○改变某个元件，那么所有该元件实例都会发生相同的变化。

○元件可以重复使用，且应尽量重复利用来减小文件的尺寸。

元件有以下三种类型：

（1）影片剪辑

影片剪辑是包含在 Flash 影片中的影片片段，有自己的时间轴和属性，具有交互性，是用途最广、功能最多的元件，可以包含交互控制、声音以及其他影片剪辑的实例，也可以将其放置在按钮元件的时间轴中制件动画按钮。

（2）按钮元件

在 Flash 中图形元件适用于静态图像的重复使用，或者创建与主时间轴相关联的动画。它不能提供实例名称，也不能在动作脚本中被引用。

（3）圆形元件

按钮元件实际上是四帧的交互影片剪辑，它只对鼠标动作做出反应，用于建立交互按钮。

图 45　插入菜单

图 46　创建元件窗口

2. 创建元件

（1）通过菜单

　　点击"菜单 － 插入 － 新建元件"（图 45），选择对应的类别来创建不同类型的元件（图 46）。

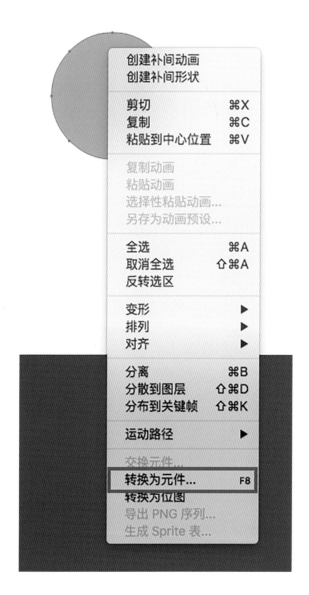

创建补间动画		
创建补间形状		
剪切	⌘X	
复制	⌘C	
粘贴到中心位置	⌘V	
复制动画		
粘贴动画		
选择性粘贴动画...		
另存为动画预设...		
全选	⌘A	
取消全选	⇧⌘A	
反转选区		
变形	▶	
排列	▶	
对齐	▶	
分离	⌘B	
分散到图层	⇧⌘D	
分布到关键帧	⇧⌘K	
运动路径	▶	
交换元件...		
转换为元件...	F8	
转换为位图		
导出 PNG 序列...		
生成 Sprite 表...		

图 47 右击菜单

（2）通过图形

点选图形后右击，选择"转化为元件"（图47），或按快捷键"F8"。

（3）通过元件

点选元件后右击，选择"转化为元件"，或按快捷键"F8"。

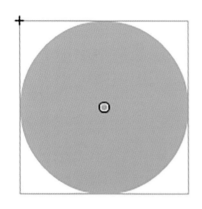

图 48 选中的元件

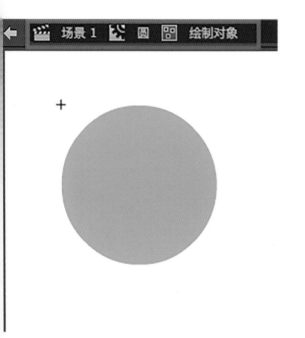

图 49 舞台界面

3. 编辑元件的不同界面

（1）在舞台直接选择

当我们选择某个元件的时候（图 48），它四周都会用蓝色框体框住，代表它已经变成了元件。

在舞台上双击改图形就可以进入到元件编辑界面。与舞台界面不同，元件编辑界面没有舞台那样的大小边界，只是一个纯色的白底。另外，在窗口上方也会提示正在编辑的软件。图上方显示的"场景 1— 圆 — 绘制对象"（图 49），我们可以理解为：舞台中的场景 1 里建立了一个叫"圆"的影片剪辑，在影片剪辑里有一个橙色的圆形绘制对象。

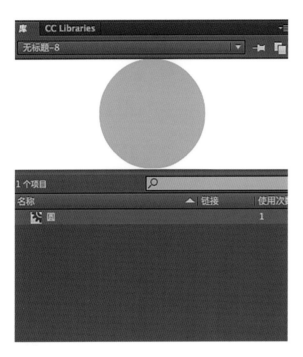

图 50 库中的元件

图 51 元件选择菜单

（2）在库里选择

在库窗口双击元件就可以编辑元件了（图
50）。

（3）通过界面选择

通过舞台界面上的场景元件查看器来选
择元件。因为选择时看不到图形，所以这方
法比较适合元件名称规范的制作者采用（图
51）。

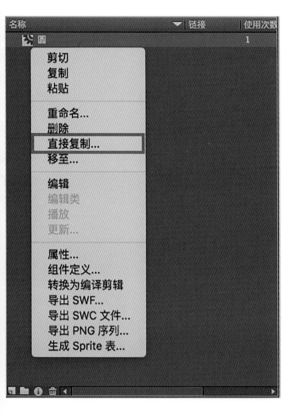

图 52 元件右击菜单

4. 利用库来管理元件

An 中的库作用非常大,每新建一个元件,软件都会默认有编号命名,然后自动入库。库是存放元件的地方,所以如果需要完成较长动画,一定要注意元件命名,管理好库里的元件和其他素材。

在库里右击元件可以对元件进行管理。其中"直接复制"的含义比较晦涩(图 52),其实就是指建立该元件的副本。

虽然从界面上左下角的几个新建和删除工具来看,我们很容易联想到 PS 的图层管理。但有一点我们必须注意,在库中每个元件都有自己的唯一性,所以一定不能重名。

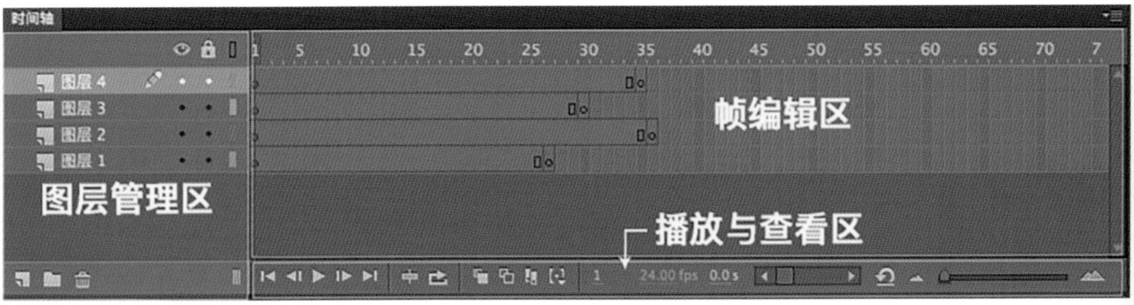

图 53 "时间轴"面板的功能区分

图 54 合理的图层管理

四.时间轴、图层、帧的使用

1."时间轴"面板

"时间轴"面板（图 53）主要用来管理动画动态和图层。简单来说，"舞台"只能编辑 Flash 元件和图形的 X、Y 轴平面坐标位置。而"时间轴"则可以通过图层管理来实现元件和图形的 Z 轴方向上的显示顺序,也可以通过"帧"来控制元件和图形时间轴上的变化。

2.使用"图层"

我们可以在图层管理区中对舞台中的内容进行顺序调整（图 54）。与 Photoshop 的逻辑类似，越是上层的图层在舞台上越靠前表现出来。同样我们也可以将图层归类放入文件夹。

图 55 舞台属性

制作 Flash 动画需要合理的图层管理。我们可以对每个图层进行锁定或隐藏，这样在多图层的操作中不会干扰到其他图层。

3. 使用"帧"

"帧"是 Flash 动画中的时间单位，每一个帧代表了动画的一张静态图像，快速连续地显示帧便形成了运动的假象，它是整个动画制作的核心。

我们可以在图层管理区中对舞台中的内容进行顺序调整。与 Photoshop 的逻辑类似，

越是上层的图层在舞台上越靠前表现出来。同样我们也可以将图层归类放入文件夹。制作 Flash 动画需要合理的图层管理。我们可以对每个图层进行锁定或隐藏，这样在多图层的操作中不会干扰到其他图层。

由于口语习惯上的原因，我们通常将帧数与帧率混淆。帧率 (Frame rate)= 帧数 (Frames)/ 时间 (Time)，单位为帧每秒 (f/s, frames per second, FPS)。An 中，我们可以通过舞台属性来设置帧率，An 默认的帧率是 24FPS（图 55）。

由此可见更高的帧率可以带来更流畅的动画效果和视觉冲击。早期的 Flash 动画帧率普遍为 12FPS，随着多媒体技术的不断发展，目前 Flash 动画已经向电视电影的帧率靠拢，这样可以更好地输出视频动画。常见的帧率设置有：电影帧率 24FPS、PAL 制式电视帧率 25FPS 和 NTSL 制式电视帧率 30FPS。

虽然高帧率带来许多优势，但也增加了制作难度。比如同样一分钟的动画，帧率在 12FPS 的情况下，我们要制作 12x60=720 帧。然而如果帧率为 24FPS 的情况下，我们就需要制作 24x60=1440 帧。

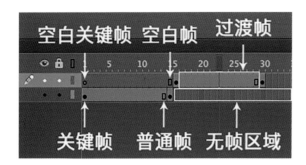

图 56 帧的种类

在 An 中，帧有下面几种状态（图 56）。

（1）关键帧

关键帧是指该关键帧里含有图形等内容，在时间轴上显示黑色实心点，附着在该关键帧上的普通帧一般显示灰色。顾名思义，有关键内容的帧，用来定义动画变化、更改状态的帧，即编辑舞台上存在实例对象并可对其进行编辑的帧。

（2）普通帧

普通帧是指在时间轴上能显示实例对象，但不能对实例对象进行编辑操作的帧。它往往处在两个关键帧之间，起到延长关键帧的播放时间的效果。普通帧里的对象是静态的。

（3）空白关键帧

空白关键帧是指关键帧里没有任何内容，在时间轴上显示黑色空心点，附着在该关键帧上的普通帧一般显示白色。作用与关键帧相同。在 An 中，显示颜色较深的帧表示为空白，以下雷同。

（4）空白帧

空白帧是指普通帧里没有任何内容。Flash 动画中表示该图层暂时不显示。

图 57 帧编辑菜单

（5）过渡帧

　　过渡帧是指两个关键帧（空白关键帧）之间普通帧（空白帧）的区域。其最后一帧在时间轴上显示黑色框。它的主要目的是用来做动画补间。

（6）无帧

　　间轴上显示为网格状。无帧情况下图层没有显示内容。

　　需要注意，Flash 每个图层必须从第 1 帧开始工作，因此假如你希望图层在第 50 帧显示，那么我们只能添加一个 50 帧的空白帧区域，但不能无帧。

　　右击"帧"可以对帧进行剪切、复制、删除等操作。其中，"删除帧"是指把帧变为无帧状态，"清除帧"则表示清除帧里的内容，相当于变为空白帧（图 57）。

图 58 场景面板

五 . 场景的使用

制作较长时间的 Flash 动画,可能需要管理几千甚至上万帧。我们常常需把影片分成多个场景,然后按顺序播放。在 An 中默认的就是一个场景,我们可以点选"菜单 — 窗口 — 场景"来打开"场景面板"。或可以直接选择"动画"工作区,默认就有场景面板(图 58)。

打开了"场景"面板后,我们可以看到"场景"面板左下角有三个按钮,分别是"添加场景""重置场景""删除场景"。

按下"添加场景",我们就为 Flash 添加了一个新场景,我们可以从上方的场景列表内看到场景的名称,通过拖动"场景",我们还可以调整"场景"前后的顺序。

按下"重置场景"后,所选择的"场景"即被"复制",我们可以从"场景"列表中看到"场景"名称后多了一个"副本"。

如果我们想删除不需要的"场景",只需要选择"场景",然后按下"删除场景"按钮。

注意,An 中场景不管如何命名,它的播放顺序都是自上而下的。如果改变上下顺序,那么播放顺序也会随之改变。

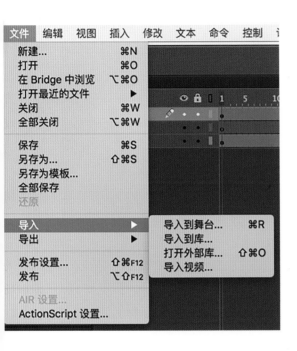

图 59 导入操作

图 60 An 支持导入的格式

六 . 图像、视频、声音的使用

虽然 An 的绘图功能日益强大，但对于动画制作者来说还是远远不够。An 中可以支持导入多种类型的多媒体文件，极大丰富了我们的创作手法和效果体现。点选"菜单 — 文件 — 导入"（图 59），就可以导入内容了。

选择导入时，An 会让我们选择导入到哪个位置，是"库"还是"舞台"。选择后"导入到舞台"，我们必须先选中一个帧，导入完成后，舞台中就能看到导入到内容，同时"库"中也将其导入了。选择"导入到库"，文件仅被安置在库中，需要时再将其调到库。为了方便管理，这里建议大家使用"导入到库"。

选择"打开外部库"是指调用其他 Flash 源文件（*.fla）中的库（图 60）。如果我们需要制作一部多集的动画，那么在第二集制作的时候可以直接调用第一集里的库内容，大大节省了工作时间，源文件体积也会大大缩小。

1. 导入图像

An 支持多种格式图像文件的导入。

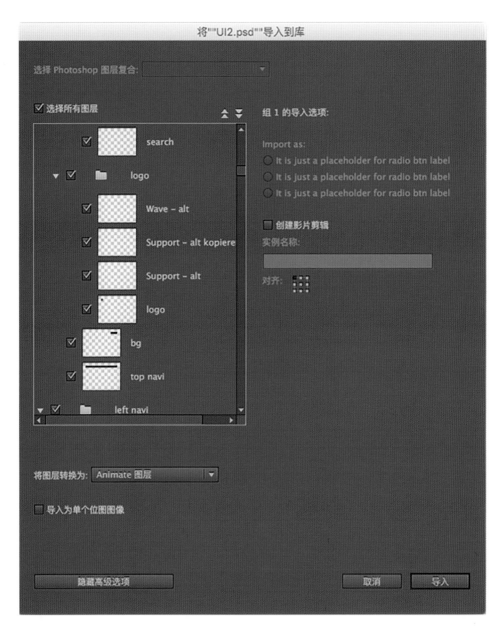

图 61 导入 PSD 文件时的界面

我们看到除了常用的几种图像格式，An
还支持 Photoshop 和 Illustrator 的源文件。An
可以支持 PS 和 AI 的分图层导入（图 61）。

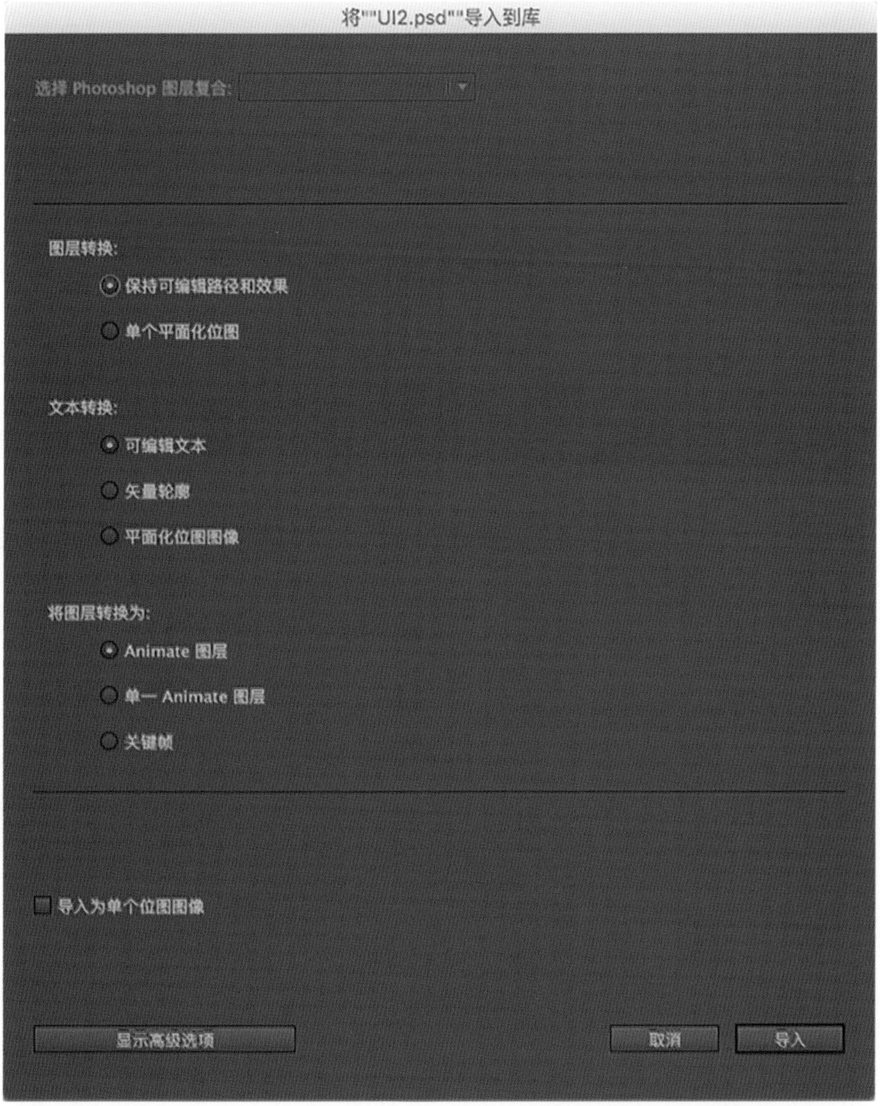

将""UI2.psd""导入到库

选择 Photoshop 图层复合：

图层转换：
- ● 保持可编辑路径和效果
- ○ 单个平面化位图

文本转换：
- ● 可编辑文本
- ○ 矢量轮廓
- ○ 平面化位图图像

将图层转换为：
- ● Animate 图层
- ○ 单一 Animate 图层
- ○ 关键帧

☐ 导入为单个位图图像

显示高级选项　　　　　　　取消　　导入

图 62　导入选项

　　我们可以选择需要的图层，也可以选择直接将它创建成影片剪辑。另外，如果要确保这些文件在 An 中的可编辑性，我们还需在"高级选项"中设置"保持可编辑路径和效果"以及"可编辑文本"（图 62）。

图 63 视频导入选项

| Adobe Flash 视频 (*.flv; *.f4v) |
| MPEG-4 文件 (*.mp4; *.m4v; *.avc) |
| QuickTime 影片 (*.mov; *.qt) |
| 适用于移动设备的 3GPP/3GPP2 (*.3gp; *.3gpp; *.3gp2; *.3gpp2; *.3g2) |
| ✓ 所有视频格式 (*.mov; *.qt; *.mod; *.avi; *.mpg; *.dv; *.dvi; *.flv; *.f4v; *.mp4; *.m4v; *.3gp; *.3gpp; *.3g2; *.3gpp2; *.m1v; *.m2p; *.m2t; *.m2ts; *.mts; *.tod; *.mpe; *.mpeg; *.vob; *.asf; *.wmv; *.h264) |
| 所有文件 (*.*) |

图 64 An 支持导入的视频文件格式

2. 导入视频

An 中导入视频有多种方式（图 63）。

导入本地视频我们有三种方式可供选择，选择"使用播放组件加载外部视频"，那么 Flash 仅作为一个播放器，导入的视频作为链接来播放。这样源文件的体积很小，但发布后只能在本机浏览视频。

选择"在 SWF 中嵌入 FLV 并在时间轴中播放"，那么视频文件会潜入到源文件中，这样发布预览后的视频不受本地限制。但是播放文件较大，且只支持 FLV 一种格式。选择"将 H.264 视频嵌入时间轴"，那么视频文件无法被发布，而且仅支持 H.264 编码到视频文件（图 64）。

除了加载本地视频，An 还提供加载在线网络视频。选择"已经部署到 Web 服务器、Flash Video Streaming Server 或 Flash Media Server"传送视频内容流 。

允许您使用 Flash Media Server 寄宿视频文件。Flash Media Server 是为传送实时流媒体而进行了优化的服务器解决方案。将存储在本地的视频剪辑导入到 Flash 文档中，然后将它们上载到服务器，这样既可以使用相对较大的视频剪辑，同时又将所发布的 SWF 文件大小保持为最小。如果要控制视频回放并提供直观的控件方便用户与视频进行交互，请使用新增的 FLV 播放组件或 ActionScript。我们看到的优酷、土豆等视频网站都是以这种形式播放视频的。

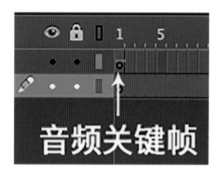

图 65 带音频波纹的关键帧

图 66 音频文件

3. 导入声音

An 中可以导入多种格式的音频文件, 操作比较简单, 我们只需选中音频文件然后导入即可。必须注意, 音频文件放入舞台, 我们必须在时间轴上新建一个关键帧 (图 65), 点击关键帧后, 再从库里拖曳到舞台 (图 66) 。导入后到音频文件仅显示一帧。

我们可以在该图层插入帧来调整音频的播放时间。An 不具备音频剪切功能, 音频文件只能从头开始播放, 时间轴只能控制音频的停止时间, 但不能控制音频从哪个位置开始播放。所以, 我们可以提前将需要的音频分段整理。

一般情况下, 音频文件会从头播放至结束, 如果需要让音频更"听话", 那么可以在音频的属性里调整"同步"里的选项。

"数据流"选项用于在互联网上同步播放声音 (图 67) 。An 会协调动画与声音流, 使动画与声音同步。

"事件"选项会将声音和一个事件的发生过程全部同步起来。如果触发了播放声音的事件, 它会自动播放直至结束, 在这个过程中声音的停止不受动画本身的制约。例如我们在

图 67 声音属性菜单

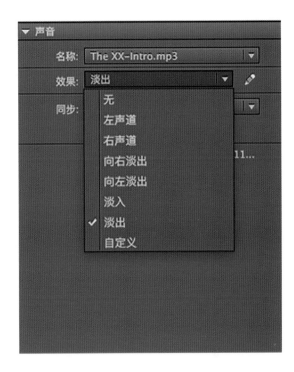

图 68 音频效果选项

An 中制作了一个声音播放按钮，如果事件声音正在播放，而再次点击，第一个实例继续播放，另一个声音实例同时开始播放。

"开始"选项和"事件"选项一样，只是如果声音正在播放，就不会播放新的声音实例。

"停止"选项可以使指定的声音静音。我们向影片第一帧导入声音，在 50 帧处创建关键帧，选择要停止的声音，在"同步"选项中选择"停止"，则声音在播放到 50 帧时停止播放。

此外，我们还可以通过"效果"里的选项来调整音频（图 68）。An 对音频的调整仅限于调整音量控制。

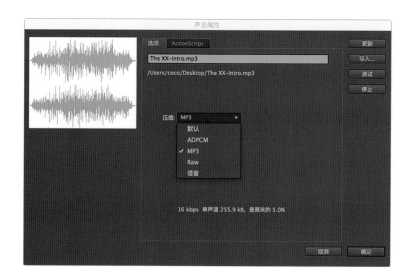

图 69 声音属性

4. 压缩声音

在"库"右击音频文件，就会弹出"声音属性"窗口（图 69）。我们可以通过压缩选项来对音频文件进行压缩。

An 为我们提供了四种不同的声音压缩格式：ADPCM、MP3、Raw 和 Speech 格式。选择相应的压缩格式，便可进行压缩。在各种格式中对声音压缩的等级不同，生成声音文件的质量和大小也不同。要达到最佳效果，就需要反复进行不同的实验，找出最合适的压缩率。

"ADPCM"压缩选项用于 8 位或 16 位声音数据的压缩设置。像这样的短事件声音，

一般选用"ADPCM"压缩，体积非常小。

"MP3"压缩选项可以用 MP3 格式输出声音。当导出乐曲等较长的音频流时，建议选用"MP3"选项，体积较大但声音较好。

"原始"压缩选项导出的声音文件是不经过压缩的。

"语音"压缩选项用一个特别适合于语音的压缩方式导出声音，体积较 MP3 压缩小。

选用"默认" 压缩选项，则音频根据 An 发布设置来进行压缩。

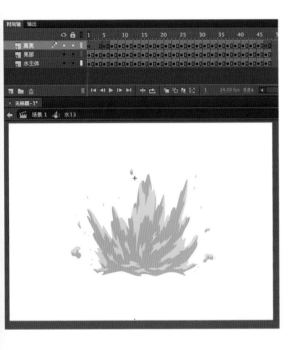

图 70 逐帧动画表现水的效果

七. 创建动画

1. 创建逐帧动画

"逐帧动画"是一种常见的动画形式（图70），其原理是在"连续的关键帧"中分解动画动作，即在时间轴的每个关键帧上逐帧绘制不同的内容，使其连续播放而成动画。"逐帧动画"与传统动画的制作方式类似，具有非常大的灵活性，几乎可以表现任何想表现的内容，很适合于表现细腻的动画动态。但因每个关键帧上的内容不一样，增加了动画制作负担，且使最终输出的文件体积很大。

2. 创建动作补间动画

"动作补间动画"是 Flash 动画中非常重要的表现手法，相比"逐帧动画"，"动作补间动画"只需要确定动画实例的第一帧和最后一帧，中间的帧由 An 自动为我们生成。

"动作补间动画"只能针对非矢量图形进行，也就是说，进行运动动画的首、尾关键帧上的图形都不能是矢量图形，它们可以是组合图形、文字对象、元件的实例、被转换为"元件"的外界导入图片等。这样能修改的属性参数比较多，因此在使用"动作补间"时，我们必须先将补间对象转换为"元件"。

An 支持两种动作补间方式:"传统补间"(图 71)与"补间动画"(图 72),两者功能差别较大,操作方法也有些不同。

"传统补间"必须先在运动开始时插入一个关键帧,定义实例的大小、颜色、位置、透明度等参数,然后在运动结束时插入另一个关键帧并修改这些参数,最后创建补间动画,让 An 自动生成中间的过渡状态。它是 Flash 早期就有的一种补间方式,也是动画制作最常用的。

图 71 传统补间

创建完成后的补间动画在时间轴上显示浅紫色,我们可以通过时间轴上的"绘图纸外观"功能查看动画的过渡(图 73)。

"补间动画"是 Flash CS3 版本后发展起来的一种全新的补间方式,我们只需要在动画开始时创建一个关键帧,然后用选择工具单击舞台上的元件,通过拖动位置来制作位置动画,更改颜色来制作变色动画,更改大小来制作缩放动画,等等。注意在创建过程中,我们只能在结尾处插入普通帧,不能是关键帧。在逻辑上,"补间动画"实际是对动画元件本身进行操作,而"传统补间"则是对元件在开始与结束对帧里进行操作。

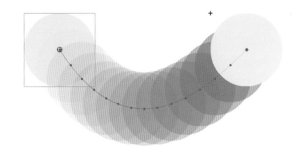

图 72 "补间动画"

"补间动画"相对"传统补间"操作较为简单,动作的细微调整也更丰富。它是由 As

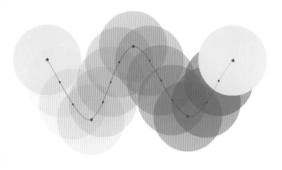

图 73 复杂的运动补间

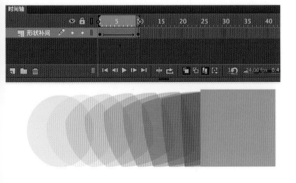

图 74 形状补间

语言构成的动画表现，所形成的动画补间可以被命名并保存为动画预设，还可以支持传统方式做不到的 3D 旋转运动。

创建后的"补间动画"在时间轴上显示为深蓝色，中间没有镜头表示。在结尾处会自动生成一个关键帧。生成动画后，会在舞台上看到一个运动路径，每一个节点代表一个帧，可以按需求修改运动轨迹。

要得到更复杂的动态效果，我们可以选择中间某一帧，然后在舞台上拖动元件的相应位置，整个过程中的关键帧都会自动生成。

3. 创建形状补间动画

"形状补间动画"（图 74）只要编辑首尾两帧上的图形，中间的形变过程由过渡帧来完成，它是矢量图形由一种形状逐渐变为另一种形状的动画，实现两个矢量图形之间的变化，或一个矢量图形的大小、位置、颜色等的变化。如果使用图形元件、按钮、文字，则必先打散，即转化为矢量图形再变形。创建后的形状补间在时间上显示为绿色。

"形状补间动画"只针对矢量图形进行，也就是说，进行变形动画的首、尾关键帧上的图形应该都是矢量图形，不能是元件。

图 75 元件与矢量图形选择后的显示效果

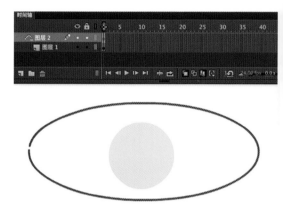

图 77 引导图层建立

图 76 准备建立引导图层

图 78 设置引导图层

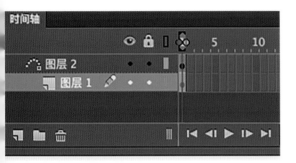

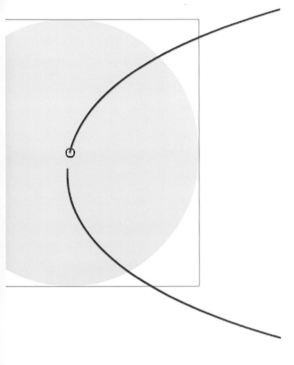

图 79 元件中心对应引导线段开始

An 中，矢量图形的特征是在图形对象被选定时，对象上面会出现均匀的小点（图 75）。利用工具箱中的直线、椭圆、矩形、刷子、铅笔等工具绘制的图形，都是矢量图形。

4. 创建引导层动画

"引导层动画"是 Flash 动画制作中很常见的一种动画类型，它是基于传统补间动画的一种动画形式。创建"引导层动画"我们需要分别制作两个图层：一个图层用来表述运动轨迹，另一个图层用来表现运动的图形（图 76）。

图中，我们在"图层 1"放入一个元件作为被引导的内容，"图层 2"绘制一个曲线代表引导的路线（图 77）。注意，作为引导图层的内容必须是矢量图形，但不能是元件；引导图层的内容不含填充内容。另外，引导路径不能是闭合的框线。

接下来我们右击"图层 2"，设置为"引导层"（图 78）。

然后将"图层 1"向"图层 2"上拖拽，这样我们就可以形成引导与被引导的关系了（图 79）。

引导动画的运动规律按引导层线段的绘

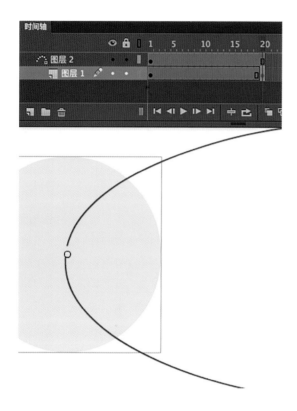

图 80 元件中心对应引导线段结束

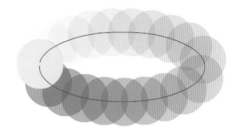

图 81 创建后的引导图层

图 82 "遮罩动画"

图 83 遮罩图层创建

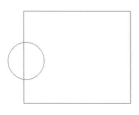

图 84 遮罩层与运动物体的位置关系

制路线进行，因此我们不能在引导层中设置关键帧。在被引导层中，我们帧动作开始的关键帧中，将元件的中心放置在线段开始处。然后，帧动作结束的关键帧中，将元件的中心放置在线段结束处（图 80）。这样引导动画就完成了。另外，引导的线段只会在编辑视图中显示，发布动画后是不可见的（图 81）。

5. 创建遮罩动画

"遮罩动画"（图 82）是 Flash 动画制作中的一种动画类型。创建"遮罩动画"我们最少需要两个图层：一个图层表示遮罩，另一个图层用来表现被遮罩的物体。

图中，我们在"图层 1"放入一个圆形元件作为被引导的内容，"图层 2"放入一个矩形元件作为遮罩。注意，在遮罩图层所绘制的区域代表可见，空白处代表不可见。所以我们在绘制遮罩时一定要有填充色。

接下来我们右击"图层 2"，设置为"遮罩层"（图 83），这样遮罩动画就创建好了。

遮罩的使用非常灵活，不管是"传统补间"还是"运动补间"，遮罩层都可以支持。另外，遮罩图层本身也可以是运动的元件（图 84）。一个遮罩图层下可以包含许多个被遮罩的图层。

图 85 文本工具

图 86 文本的属性

八.文本的使用

1.输入文本

An 可以通过"文本工具"来输入文字（图 85）。

2.编辑文本

选中文本，查看该文本的属性（图 86）。我们可以修改文本的字号、颜色、排版等设置。

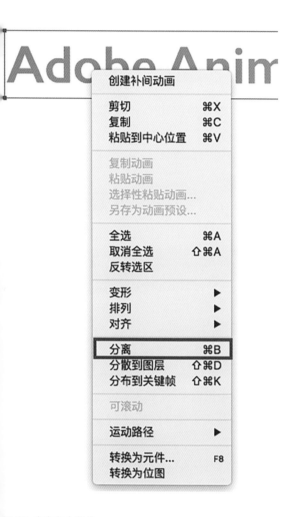

在 An 中，文本实际上是一种特殊的数量图形，右击文本选中"分离"（图 87）可以将文本变为单字。

如果需要让文本变为矢量图形的话，我们需要再做一次"分离"，这样文本就失去了文本编辑的属性，转而变成了"图形"（图 88）。

图 87 右击文本菜单

图 88 文本转换成"图形"

图 89 设备字体选项

3. 嵌入文本和设备字体

在 An 中，默认将使用文本的字体信息保存并嵌入到 SWF 文件中，这样做可以保证每位浏览动画的用户都可以欣赏到相同的字体样式。

此外，An 可以使用称作"设备字体"的特殊字体作为导出字体轮廓信息的一种替代方式，但这仅适用于静态水平文本。我们可以在"属性 — 字符 — 消除锯齿"（图 89）选项中找到它。

设备字体并不嵌入 SWF 文件中。相反，Flash Player 会使用本地计算机上与设备字体最相近的字体。因为未嵌入设备字体信息，所以使用设备字体生成的 SWF 文件在大小上要小一些。此外，设备字体在小磅值（小于 10 磅）时比导出的字体轮廓更清晰也更易读。但是，因为设备字体并未嵌入到文件中，所以如果用户的系统中未安装与该设备字体对应的字体，文本看起来可能会与预料中的不同。

An 包括三种设备字体：named _sans（类似于 Helvetica 或 Arial 字体）、_serif（类似于 Times Roman 字体）和 _typewriter（类似于 Courier 字体）。要将字体指定为设备字体，您可以在"属性"检查器中选择其中一种 Flash

设备字体。在 SWF 文件回放期间，Flash 会选择用户系统上的第一种设备字体。

4. 对文本使用滤镜

与元件一样，An 对文本也可以使用滤镜，我们可以通过属性面板添加想要的滤镜（图90）。

图 90 可以添加的文本滤镜

图 91 发布设置

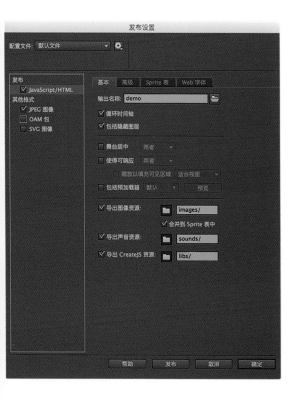

图 92 HTML 格式发布

九 . 发布 Flash 动画的方法

1. 发布为网络上播放的动画

在 An 中，制作完成的动画作品我们保存为 FLA 源文件，但这只可以用 An 打开，并不能作为播放文件。要变成可播放文件，我们就必须选择发布。通过"菜单—文件—发布设置"来设置发布文件的类型（图 91）。

选择 "SWF" 发布是 An 默认的设置，也是我们使用最为广泛的方式。勾选 "SWC" 可以连同脚本运行库一起发布，一般用于 Flash 游戏开发。"HTML 包装器"其实就是到 SWF 嵌入到网页中一起发布，方便网站开发。勾选 "GIF"，可以导出 GIF 动图，但现实色彩会有损失。选择"JPEG""PNG"只能导出单张画面。选择"OAM 包"可以与 Adobe Muse 相互联通，可以制作网页内到动画组件。"SVG 图像"翻译过来称可缩放矢量图形，它是基于可扩展标记语言，用于描述二维矢量图形的一种图形格式。选择 "Mac、Win 放映文件"，则导出自带 Flash Player 的可执行文件（图 92）。

图 93 发布后的 HTML5 动画

如果你在开始建立文件的时候选择"HTML5"或"WebGL",那么 An 不支持导出 SWF 文件,发布设置也有所不同。导出的内容是页面与 JS 库,可以通过浏览器来预览(图93)。

9.2 发布为非网络上播放的动画

除了"发布",我们还可以通过"导出"功能来获得其他格式的动画。点选"菜单 — 导出"就可以选择需要导出的方式了(图 94)。

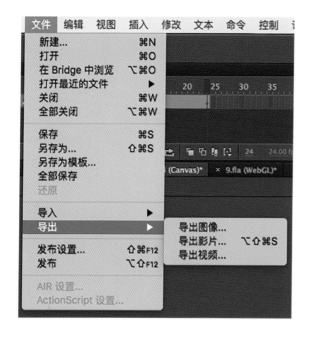

图 94 导出菜单

图 95 导出视频选项

选择"导出图像"，我们可以导出影片中的某个静帧。选择"导出影片"，我们可以把影片导出为图像序列帧。选择"导出视频"，影片则会过导出为视频文件（图 95）。

需要注意，An 在导出视频过程中先会在源文件存放位置生成一个十分大的压缩视频格式，然后再调用 Adobe Media Encoder 来进行转换。转换结束后，未压缩的视频会自动删除，因此，导出视频一定要确保有足够大的硬盘空间。

近些年来，Flash 动画作品发布视频越来越多，虽然市面上有许多 SWF 转视频的软件，但大多无法读取 Flash 元件内的动画信息，只有通过导出视频的功能才能完整地将 Flash 所有的动画内容都转换为视频文件，所以安装 Adobe Media Encoder 十分重要。

练习题

结合本章知识点，使用 An 制作一本 Flash 电子月历。要求如下：

1. 舞台大小 1920x1080，帧率 25FPS。

2. 12 个月分别设置 12 个场景。

3. 尽量利用可复制的特点来完成。

第四章

FLASH ANIMATION

Flash 动画制作

图 1 打开软件

图 2 设置场景

本章知识点：各种类型的补间动画；利用元件嵌套制作复制动画；文字动画制作；遮罩图层与引导图层的制作；按钮动画制作；简单的脚本语言。

本章着重介绍 Flash 动画实际案例，由基础的补间动画到完成较完整的动画场景。Flash 说到底是一种动画的制作方式，如何让运动更自然流畅是整个动画作品的制作关键。因此，掌握合理的关键帧设置是完成 Flash 动画的重要条件。

一 .Flash 补间动画实例

补间动画是 Flash 中最为重要的概念，也是制作 Flash 动画的基础。补间动画在 An 中是指两个关键帧之间计算机自动生成的过渡画面，可以完成位移、形变等动画。

1.传统补间动画

传统补间动画是 Flash 中使用率最高的一种补间方式。

第一步：打开 An 选择 ActionScript 3.0（图1）。

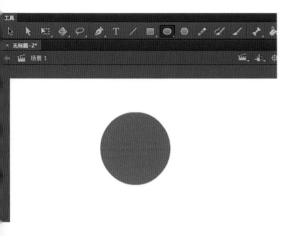

图 3 绘制圆形

第二步：点击场景，在属性面板中设置场景大小为 400x300，24 帧（图 2）。

第三步：选择"工具"—"椭圆工具"，按住"Shift"键，在场景 1 中绘制一个正圆形（图 3）。

第四步：使用"选择"工具选中该图形调整到场景左侧位置，并在颜色面板中，调整填充为"径向渐变"（图 4）。

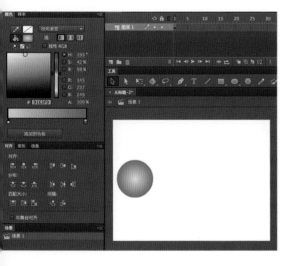

图 4 调整颜色与位置

图 5 转换为元件

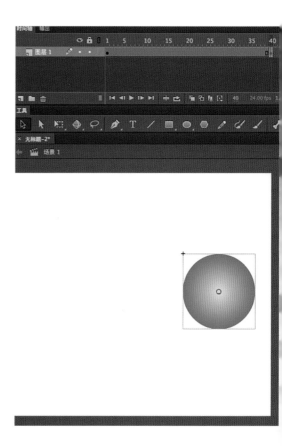

图 7 调整位置

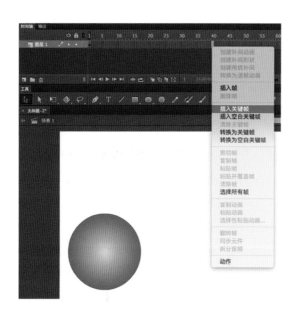

图 6 插入关键帧

图 8 创建传统补间

图 9 保存动画文件

4-1传统补间.fla

4-1传统补间.swf

图 10 发布动画

第五步: 右击图形, 选择"转换为元件", 在弹窗中修改名称为: ball, 类型修改为: 图形。这步非常重要, 传统补间动画都是"元件动画"（图 5）。

第六步: 在时间轴面板中设置关键帧, 在标尺的 40 帧处右击, 选择"插入关键帧", 快捷键 F6（图 6）。

第七步: 在时间轴面板上确认选中在第 40 帧的位置上, 选中该元件, 移动到场景右侧（图 7）。

第八步: 选中时间轴上对应的两个关键帧右击, 选择"创建传统补间"（图 8）。注意, An 中默认第一帧为关键帧, 不必专门设置关键帧。

九步: 点击快捷键"Ctrl+Enter"（Mac 为"Command+Enter"）预览动画, 确认动画效果, 并将动画保存为"4–1 传统补间 .fla"（图 9）。

第十步: FLA 格式文件是可以修改的工程文件, 必须使用 An 打开, 不具备播放动画的功能。所以我们必须发布该动画。在菜单中选择"文件 — 发布"（图 10）, 这样就可以在同一个文件夹内发布一个 SWF 格式的动画文件。另外, 在保存文件后输入"Ctrl+Enter"预览, 也可以发布 SWF 文件。

图 11 舞台设置

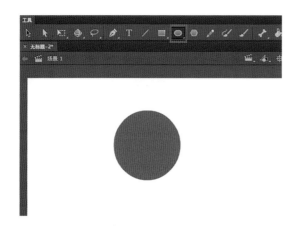

图 12 绘制圆形

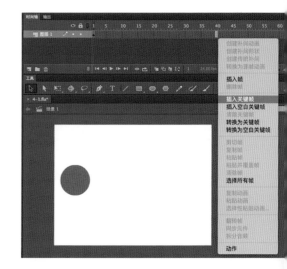

图 13 插入关键帧

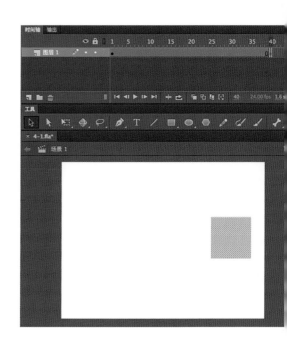

图 14 绘制矩形

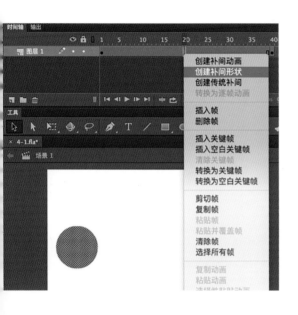

图 15 创建补间形状

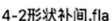

图 16 保存并发布

2. 形状补间动画

形状补间是指在两个关键帧之间对图形做的过渡动画，使用形状补间可以改变图像的色彩和形态，对应的图形不必转换为元件。

第一步：打开 An 软件，选择 ActionScript 3.0。设置场景大小为 400x300，24 帧（图 11）。

第二步：选择"工具"—"椭圆工具"，按住"Shift"键，在场景中绘制一个红色的正圆形，并将图形向移动到场景左侧（图 12）。

第三步：在时间轴面板中设置关键帧，在标尺的 40 帧处右击，选择"插入关键帧"，快捷键 F6（图 13）。

第四步：确保时间轴面板上确认选中在第 40 帧的位置上，删除该元件，在场景的右侧，使用选择"工具"—"矩形工具"，绘制一个绿色的矩形（图 14）。

第五步：选中时间轴上对应的两个关键帧右击，选择"创建补间形状"（图 15）。

第六步：保存文件为"4-2 形状补间 .fla"，并发布"4-2 形状补间 .swf"（图 16）。

图 17 舞台设置

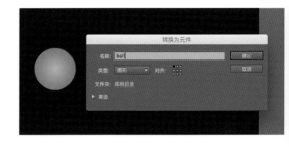

图 19 转换为图形元件

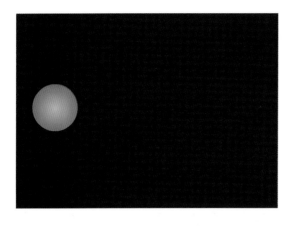

图 18 绘制小球

图 20 建立补间动画

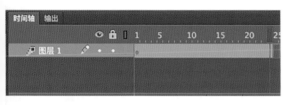

图 21 默认补间时长

图 22 修改后的补间时长

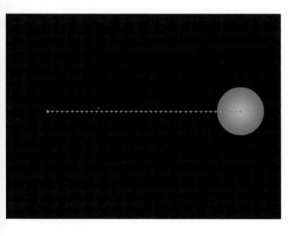

图 23 完成补间动画

3. 补间动画

补间动画是 Flash CC 版本之后的全新的动画制作的工具。它拥有比传统补间更为强大的动画功能。

第一步：打开 An 软件，选择 ActionScript 3.0。设置场景大小为 550x400，24 帧。同时，设置舞台为黑色（图 17）。

第二步：绘制一个蓝色的小球，并移动到舞台左侧（图 18）。

第三步：右击图形，选择"转换为元件"（图 19），在弹窗中修改名称为：ball，类型修改为：图形。

第四步：选中时间轴面板中的第一帧右击，选择"创建补间动画"（图 20）。与传统补间不同，补间动画是先创建补间在设立关键帧。这样做的好处是可以更方便地添加关键帧。

第五步：修改补间时长（图 21、图 22），创建后可以看到默认有一秒钟的补间帧数。鼠标拖动补间块右侧就可以修改补间时长，我们修改到 40 帧长度。

第六步：确保时间轴指针在 40 帧位置，选中舞台中的圆球向右侧移动（图 23）。这样

95

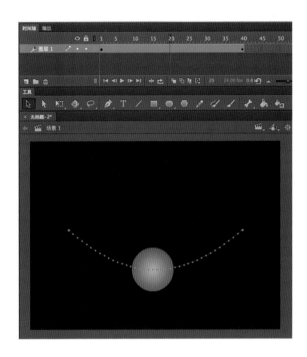

图 24 修改运动轨迹

就完成了位移的补间动画了。

由图我们可以看到，用蓝色表示的线条就是该元件的运动轨迹线，轨迹线上的节点就是用来调节运动轨迹的节点（图 24）。

第七步：选择到第 20 帧，修改元件的轨迹节点。

我们可以这里看到，相比传统补间只能做直线运动来说，补间动画可以做的动画形式更为丰富。

第八步：保存案例，并发布。

图 25 动画预想

◢二.元件嵌套动画

在 Flash 动画中,许许多多的动画场景都是由之前这些简单的补间动画制作而成的。但是,怎么才能制作更为复杂的动画形式呢。本节要给大家介绍 Flash 的元件嵌套动画。顾名思义,就是将简单的补间动画通过元件的形式组合起来,进而形成复杂的动画形式。

要完成元件嵌套动画,我们必须熟悉 Flash 中"影片剪辑"元件的功能和作用,理解元件嵌套的逻辑。

1.利用传统补间制作嵌套动画

这个方式也是应用最为广泛的动画制作方式。我们必须对需要制作的动画有一个初步的构想(图 25),然后再着手制作。比如:制作一个左右波形运动的小球。

第一步:思考场景的动画方式。

通过分析波形运动,我们可以知道它是由上下运动结合左右运动形成的一个运动。在 An 中,我们可以左右运动嵌套上下运动来完成动画。一般来说,运动周期长的嵌套运动周期短。

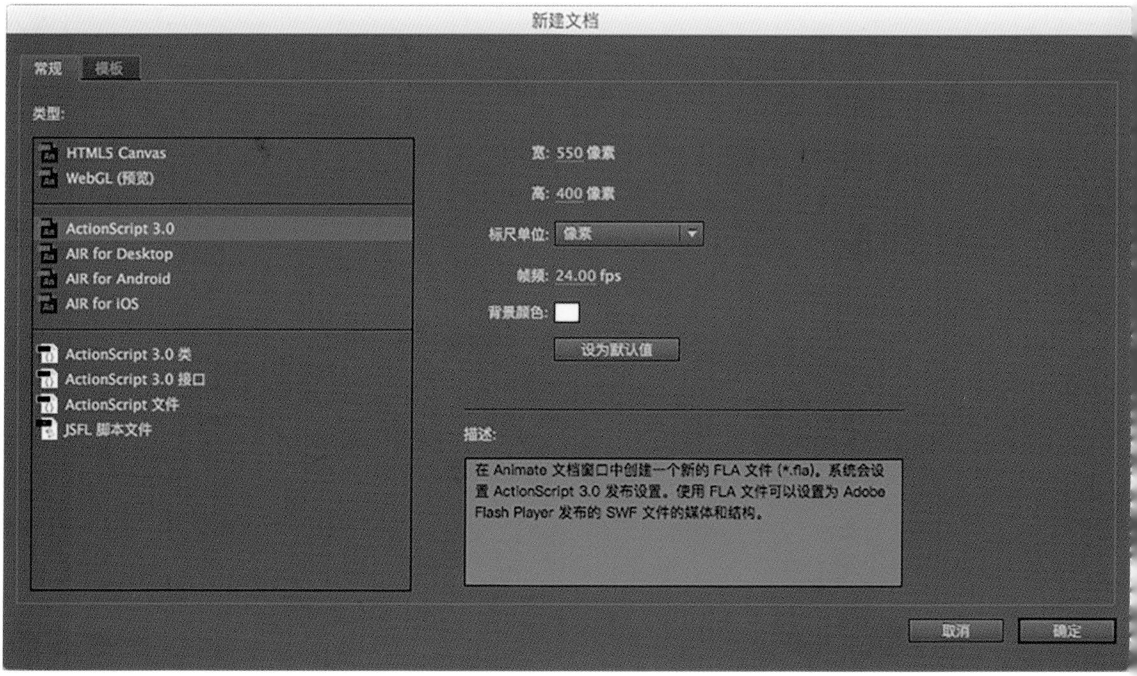

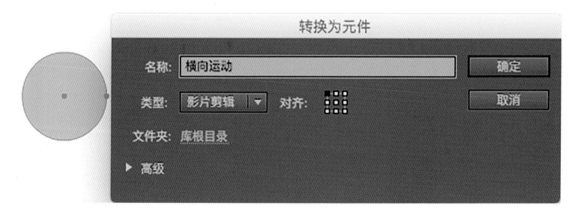

图 26 设置场景

图 27 转化为图形元件

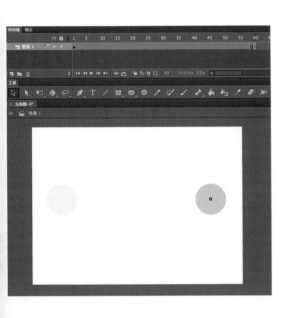

图 28 设置关键帧

图 29 完成横向运动

第二步：打开 An，新建 550x400 像素的场景，帧率选择为 24 帧（图 26）。

第三步：在场景中绘制一个圆形，并转换为影片剪辑。元件命名为"横向运动"（图 27）。

第四步：在第 60 帧处创建关键帧，并将元件项拖到场景右侧（图 28）。

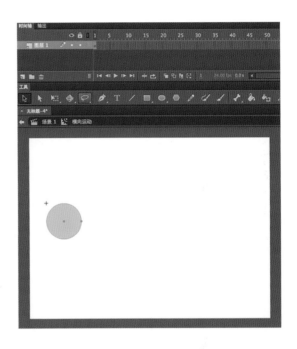

图 30 元件编辑

第五步：在 1 ~ 60 帧右击，创建传统补间。在场景中得到一个向右运动的动画（图 29）。

第六步：选择时间轴上的任意一帧，双击场景中的元件，进入元件编辑界面（图 30）。

我们可以发现，元件编辑界面与场景编辑并无太大区别。我们可以通过上方显示的"场景 1— 横向运动"来确定我们正在编辑的元件名称。此外，在元件编辑界面中并没有刚刚设置的时间轴内容。这是因为在 An 中，舞台和每个元件的时间轴设置都是独立的。

图 31 转换为元件

图 32 设置关键帧

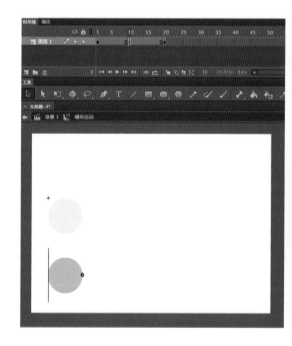

图 33 制作动画

图 34 创建传统补间

第七步：右击图形，转换为图形元件（图 31）。

这一步十分重要，实际上完成了"场景 — 横向运动—纵向运动"这样的嵌套关系。需要说明的是，"影片剪辑"相对于"图形"元件的功能更全面，如果需要更多嵌套，建议选择"影片剪辑"。

第八步：分别在第 10 帧和第 20 帧的地方设置关键帧（图 32）。

第九步：在时间轴上选择到第 10 帧，在场景中向下拖动圆球（图 33）。

第十步：分布在第 1 ~ 10 帧与 11 ~ 20 帧之间创建传统补间，得到一个上下跳动的圆球动画（图 34）。

第十一步：点击"场景 1"返回查看效果，保存并发布为"波形运动"。

通过以上案例，大家会发现分析动画运动尤其重要。在制作任何动画之前，必须将运动方式考虑完善再做。

图 35　绘制元件

图 36　再次转换元件

图 37 创建补间动画

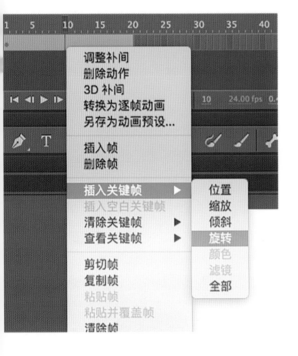

图 38 添加关键帧

2. 利用补间动画制作三维旋转动画

三维旋转动画只有在"补间动画"中才能实现，本案例对嵌套动画进行一次复习，同时也将着重介绍"补间动画"的一些特殊功能。

第一步：思考分析，打开 An，新建 550x400 像素的场景，帧率选择为 24 帧。

第二步：绘制一个矩形并转换为影片剪辑。命名元件为"3D"（图 35）。

第三步：双击该元件，进入元件编辑界面，再次转换为影片剪辑。命名元件为"矩形"。（图 36）这样便完成了"场景 —3D— 矩形"的元件嵌套。

第四步：保持在"3D"元件的编辑界面，在时间轴面板的第一帧右击，选择"创建补间动画"（图 37）。

第五步：拖动补间块右侧，调整补间时长为 20 帧。选择第 10 帧右击，选择"插入关键帧—旋转"（图 38）。

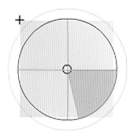

图 40 旋转元件

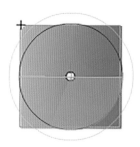

图 41 动画微调界面

图 39 使用 3D 旋转工具

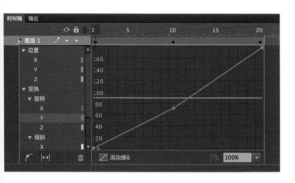

图 42 动画微调界面

第六步：点击选择"3D 旋转工具"（图 39），元件上出现 3D 参考线。

这里我们可以观察到，红色代表 X 轴，绿色代表 Y 轴，蓝色代表 Z 轴。

第七步：拖动绿色，将元件绕 Y 轴进行 90 度旋转。

第八步：旋转到第 20 帧，同样选择"插入关键帧－旋转"，并调整元件绕 Y 轴进行 180 度旋转（图 40）。

第九步：在两个关键帧间的任意位置双击，进行动画微调（图 41）。

这里我们可以看到之前做的动画都在这里有调节，关键帧的地方便有了调整的节点（图 42）。这也是"补间动画"相对"传统补间"的一大优势。

之前的旋转工具虽然能调整，但是没有数字依据，只能大概给一个效果。我们可以选择"变换－旋转－Y"来调整我们刚才设置的动画，保障在第 10 帧在 90 度位置，第 20 帧在 180 度的位置。

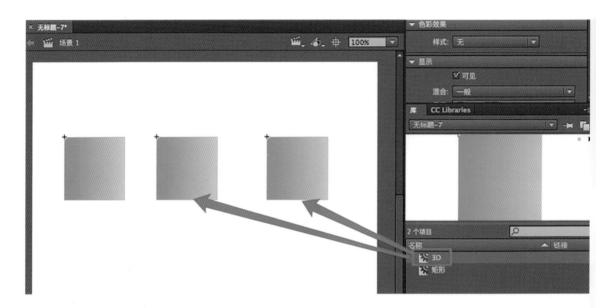

图 43 复制元件

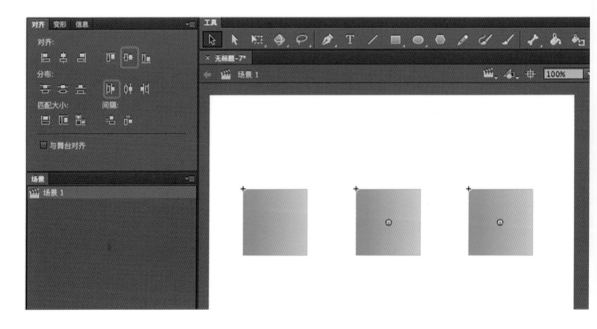

图 44 对齐元件

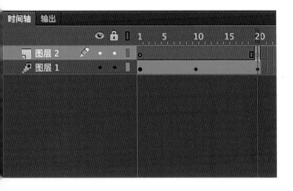

图 45 添加图层

图 46 打开"动作"窗口

第十步：返回场景 1，在库里中的"3D"元件拖动两次到舞台（图 43）。

第十一步：使用"对齐"面板调整 3 个元件的位置和间距（图 44）。

第十二步：这时预览动画，你会发现有 3 个矩形同时不停旋转的动画。如果我们希望元件旋转一次就停止，那么就需要我们在动画中添加脚本语言。

我们可以这样操作：双击元件，进入"3D"元件编辑视图。在时间轴面板新建一个图层，并在第 20 帧添加关键帧（图 45）。

第十三步：右击"图层 2"第 20 帧，选择"动作"，打开"动作"窗口（图 46）。

图 47 输入脚本

图 48 使用代码片段

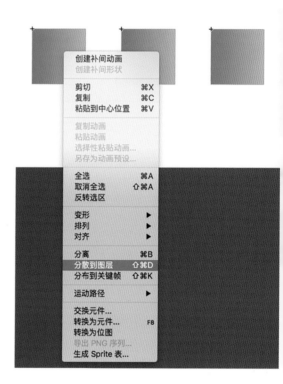

图 49 分散到图层

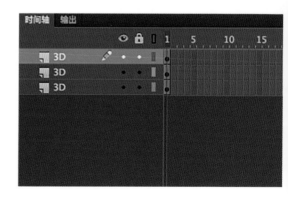

图 50 删除图层

图 51 创建补间

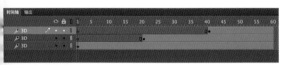

图 52 时间轴调整

第十四步：在"动作"窗口中输入"stop();"，（引号不用输入）（图 47）。

这里要注意，在输入时切换输入法为英语半角状态，全角字符则不能正确识别为脚本。

如果记不住脚本，我们还可以使用代码片段来帮助实现脚本的编写。点击"代码片段"按钮，选择"ActionScript — 时间轴导航 — 在此帧处停止"（图 48）。

第十五步：回到场景 1，通过预览我们会发现 3 个矩形在完成一次翻转后都已经停止了。在 Flash 制作过程中，使用元件目的就是可以

重复地播放。之前步骤我们复制了 3 个相同的元件。因此只要修改元件一次，那么舞台中相同元件也会随之更改。

接下来，我们需要让 3 个矩形从左到右依次显示并反转。按"Shift"键，同时选中 3 个矩形，右击选择"分散到图层"（图 49）。

第十六步：此时观察时间轴，3 个元件分别安放到了 3 个图层中。这里注意，3 个图层名字都以元件"3D"命名，软件根据选择的次序来决定图层的次序。原有的"图层 1"此时没有内容，我们可以将它删除（图 50）。

第十七步：给个图层创建一个 20 帧的补间动画（图 51）。

第十八步：选中补间条拖动位置（图 52）。

这步主要是让 3 个元件的播放时间错位。注意，右击补间右侧可以选中整块补间。

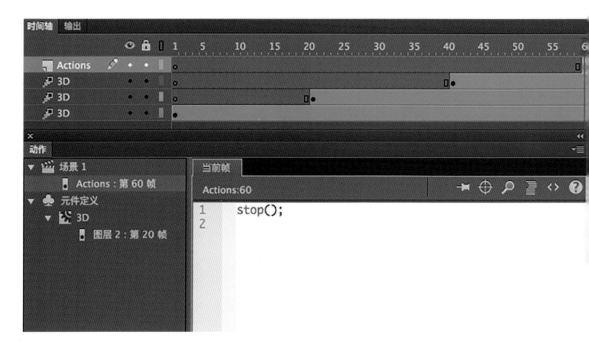

图 53 添加脚本

第十九步：新建图层，在第 60 帧插入关键帧，添加"当前帧停止"动作脚本（图 53）。

第二十步：保存并发布为"三维旋转"。

这个案例的练习，需要大家掌握元件的修改、补间对时间修改以及简单脚本应用。

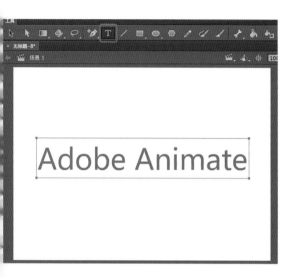

图 54 输入文字

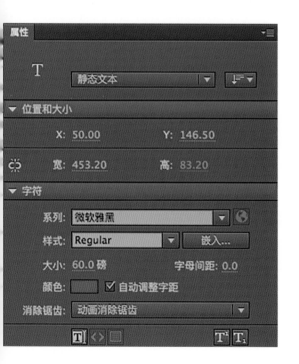

图 55 文字属性

三.文字类动画

在 Flash 动画片中,文字的变化动画是十分常见的动画类型。不同于传统动画,文字及图形的动态释义是 Flash 制作 MG 动画的主要目的。本节主要通过一些案例来让大家掌握文字类动画的特性。

1. 文本样式调整

本案例主要介绍 An 中字体是新建、形态调整等操作过程。

第一步:打开 An,新建 550x400 像素的场景,帧率选择为 24 帧。

第二步:选择"文字"工具,在舞台中央输入"Adobe Animate"(图 54)。

第三步:选中文字,在属性面板中调整文字大小为"60 磅",字体为"微软雅黑"(图 55)。

图 56 文字分离

图 58 添加渐变

图 57 再次分离

图 59 "渐变变形工具"

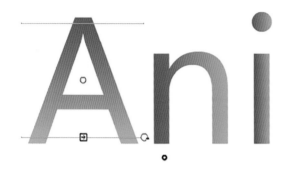

图 60 渐变角度调整

第四步：右击文字，选择"分离"（图56）。

第五步：此时文本已经分离成单独字母。此时再次右击文字选择"分离"。此时文字已经变成了图形（图57）。

第六步：接下来在"颜色"面板中，给文字添加一个红色到橙色的渐变。这里需要注意，An 中无法直接对文本进行渐变填色，因此需要将文本变为图形才能添加渐变色（图58）。

第七步：此时的渐变并不明显，我们需要改变字体的渐变方向。An 不能直接在"色彩"面板调整渐变，我们使用"渐变变形工具"来调整渐变（图59）。

使用"渐变变形工具"时，中间的圆代表渐变的中点，两边蓝色的代表渐变的边界。下方有箭头的按钮则用来调整渐变边界的大小。旋转蓝色边界线就可以调整渐变方向了（图60）。

第八步：保存并发布为"文字样式"。

图 61 转换为元件

图 63 分散到图层

图 62 完成后的元件库

图 64 完成后的图层

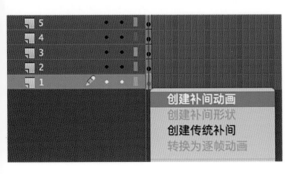

图 65 创建补间动画

2. 文字动画制作

本案例将着重介绍运动补间的复杂动画设置，同时也将介绍文字动画处理时的一些小技巧。

第一步：打开之前做好的"文字样式 .fla"。

第二步：将每个字体分别转换为元件，并以字母顺序作为元件名。例如首字母就设置元件名为"1"，以此类推（图 61）。

完成后，共得到 12 个元件（图 62）。

第三步：全选这些元件并右击，选择"分散到图层"（图 63）。

完成后，每个元件都分别在时间轴上有单独的图层，并且图层名以元件名命名（图 64）。注意：前一步十分关键，如果命名混乱的话，文件对应的图层顺序也会混乱，这样会给后面操作带来麻烦。

第四步：选中图层 1，右击创建补间动画（图 65）。

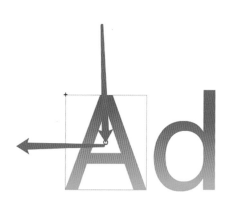

图 66 动画分析

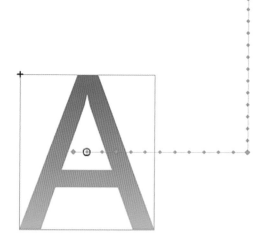

图 68 设置运动轨迹

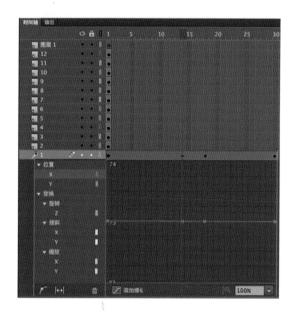

图 67 设置关键帧

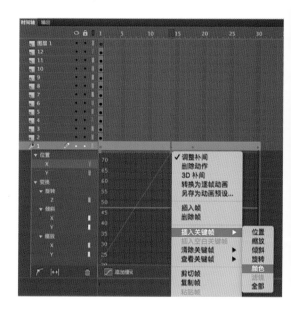

图 69 插入颜色关键帧

图 70 第一帧为透明

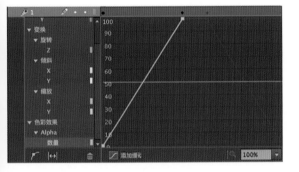

图 71 透明度曲线

第五步：思考元件动画过程（图 66），我们将文字由上而下淡入，并向左移动一定位置。

我们将步骤分好时间，1 ~ 14 帧为下落时间，15 ~ 18 帧为停顿时间，19 ~ 30 帧为向左滑动时间。

第六步：按计算好的帧数，分别在 14、18、30 帧上设置关键帧（图 67）。注意保持在"1"图层，并选中元件。双击补间处，打开补间动画调整界面。

第七步：选择到第 1 帧，调整元件位置向上（图 68）。选择到第 30 帧，调整元件位置向左。

第八步：接下来，我们要让元件呈现淡入的效果。选择到元件的第 14 帧，右击选择"插入关键帧 — 颜色"（图 69）。

第九步：选择到元件的第 1 帧，在属性面板的"色彩效果 — 样式 — Alpha"里，设置 Alpha 值为"0%"（图 70），从而完成元件到淡入效果。

这里我们要知道，新的补间动画有十分强大的功能，默认是位移的功能，如果要实现其他类型的动画效果，我们就需要首先添加该类型的关键帧。这样通过动画调整界面就能看到相应的运动线（图 71）。

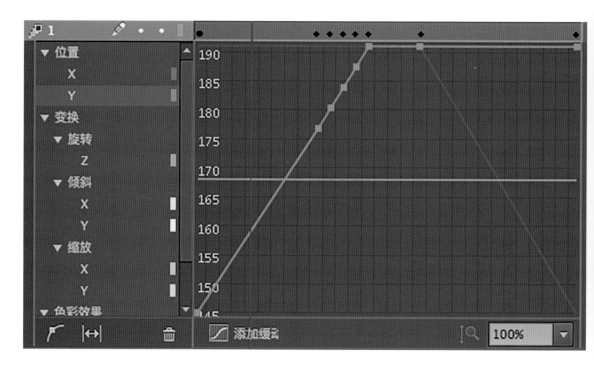

图 72 添加关键帧

我们对该补间加了"色彩效果"关键帧后，界面中会多出一个"色彩效果"曲线。图中显示 Alpha 数量由 1 帧的 0，到 14 帧的 100。

注意：在动画调整界面中，我们添加不同类型的关键帧（图 72），那么相应关键帧的效果数值就会出现在该界面中。

第十步：通过预览，我们会发现运动和淡入都已经做好了，但是动作比较生硬。我们可以通过调整下落过程的运动线来增强运动感。

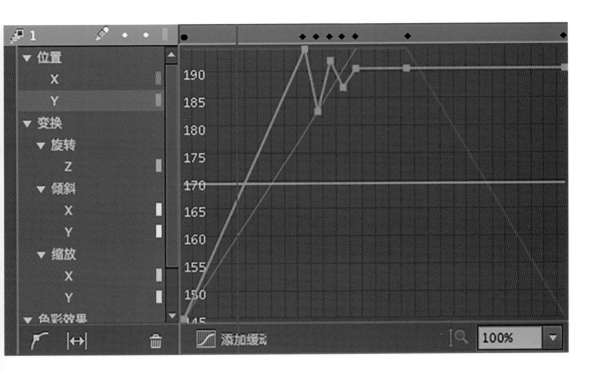

图 73 设置曲线

选择"位置—Y轴",分别在 10、11、12、13 帧处按 F6 添加关键帧。注意,如果已有相应的数值线,就不必每次都选择不同类型关键帧,可以选用快捷键即可。

第十一步:每个关键帧实际是数值线的节点。我们可以不必看舞台,直接调整数值线(图73)。

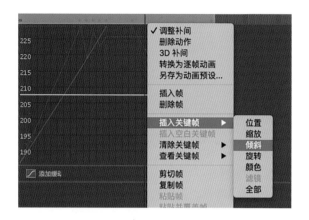

图 74 插入关键帧

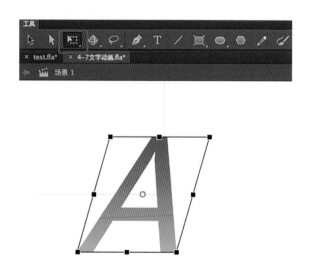

图 75 自由变换调整

这里设置的关键是保持14帧位置不要动，第 10 帧的数置要比 14 帧更大，其他关键帧呈波浪状依次递减。通过预览我们可以看到向下回弹的效果。

第十二步：向下运动设置好之后，我们对横向运动也要做一个加强。这里我们使用倾斜效果。

在选择第 20 帧右击，选择"插入关键帧 — 倾斜"（图 74）。

第十三步：在舞台中找到字母，选择"任意变形工具"调整（图 75）。

只需要调整上方位置就可以。这样做是为了表现字母向左移动时的惯性。

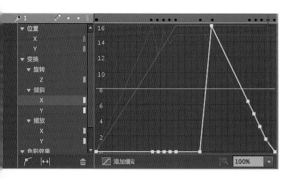

图 76 添加关键帧

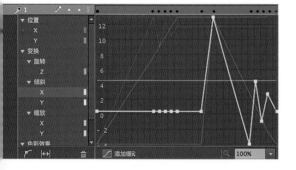

图 77 调整动画

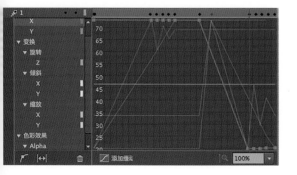

图 78 调整动画

第十四步,在动画调整面板中找到"倾斜 —X 轴",在 26～29 帧出分别添加关键帧（图76）。

第十五步：与之前 Y 轴调整一样，调整每个关键帧数值（图 77）。

第十六步：选择"位置 — X 轴"，将26～29 帧的数值调整到与 30 帧一致（图78）。

这一步放在最后完成，主要是可以配合倾斜运动来调整。

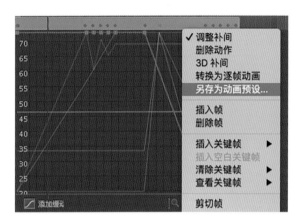

图 79 存为动画预设

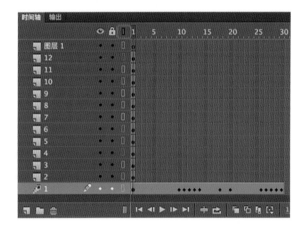

图 80 打开轮廓

图 81 文字轮廓显示

第十七步：预览观察动画效果，将动画调整到自然。然后，右击补间，选择"另存为动画预设"（图 79）。预设名称为"move"。

第十八步：双击补间动画，收起动画调整界面。选择时间轴上第 1 帧，点击"将所有图层显示为轮廓"按钮（图 80）。

此时观察舞台，我们会发现字体并没有对齐。原因是之前设定的第 1 帧位置不在原始的位置上。另外，我们设定第 1 帧为透明，因此只能打开轮廓才能观察（图 81）。

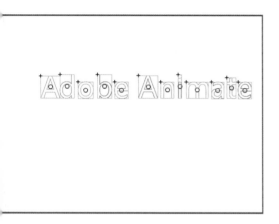

图 82 字母位置调整

图 83 动画预设面板

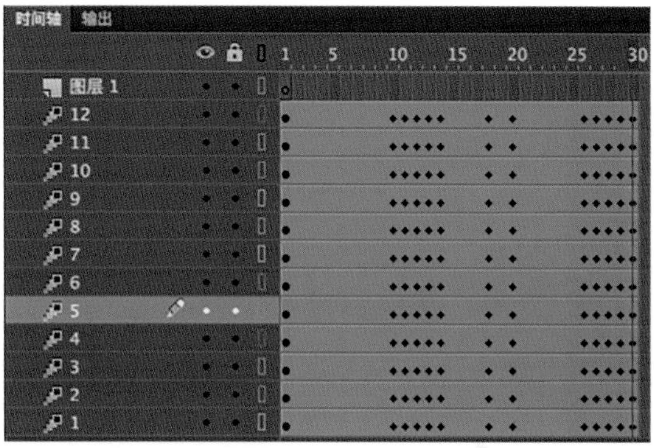

图 84 时间轴

第十九步：将其他字幕与首字母调整到一致的高度。另外，考虑到向左移动。我们再将所有字母都向右移动一些位置（图 82）。

第二十步：选中 2～12 图层的第 1 帧，在"动画预设"面板中找到"自定义预设 — move"（图84）。这就是我们调整好的动画。点击"应用"，将动画赋予每个图层（图 83）。

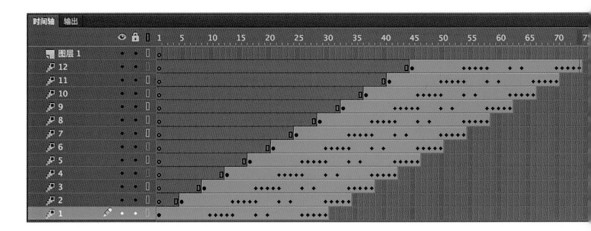

图 85 错开运动时间

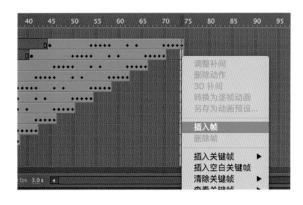

图 86 插入普通帧

第二十一步：调整每个图层时间，这里每个图层错开 4 帧开始动作（图 85）。

完成这一步的时候要注意，一定要选中整段补间来拖动。点击补间右侧可以快速选择整段补间。

第二十二步：在运动结束的 74 帧处，选中 1 ~ 11 图层的 74 帧右击"插入帧"（图 86）。

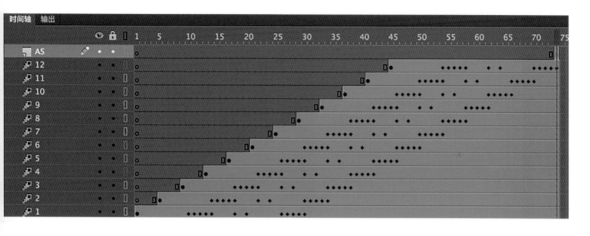

图 87 加入关键帧

第二十三步：将"图层 1"改名为"AS"，在第 74 帧处加入关键帧（图 87）。

第二十四步：右击该帧，选择"动作"。在"动作"面板中输入"stop();"。这样动画就不会无限循环了。

第二十五步：将动画保存为"文字动画 .fla"并发布。

本案例中参数的调整有很多，这里有许多数值并没有规定，大家跟做时，只要理解每个过程的作用，不必被这些参数束缚。我们可以根据实际情况进行调整。

图 88 绘制圆形

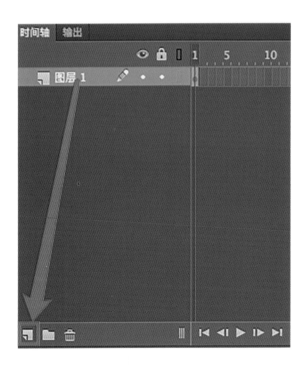

图 89 复制图层

四 . 遮罩图层与引导图层

遮罩图层与引导图层是 Flash 比较常用的图层效果，本节将通过几个案例来学习和掌握他们的操作方法。

1. 遮罩图层动画

遮罩图层，故名思义就是起到遮挡作用的图层。有遮罩图层，必然就有被遮罩图层。一般来说，遮罩图层仅作用在所属的被遮罩图层上。在遮罩图层中有图形或影片剪辑的部分，则显示被遮罩图内容。空白处则不显示被遮罩图层。以下案例将帮助大家理解遮罩层的运用规律。

第一步：打开 An，新建 550x400 像素的场景，帧率选择为 24 帧。设置背景色为黑色。

第二步：绘制一个 120x120 的圆形，颜色为淡黄色（图 88）。

第三步：点住"图层 1"不要松开鼠标，拖到"新建图层"按钮，复制一个图层（图 89）。

图 90 图层命名

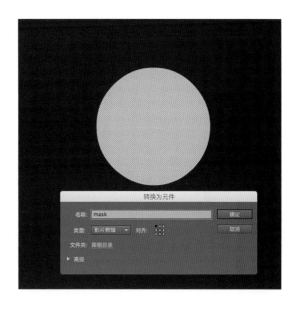

图 92 转换为元件

第四步：重复第三步操作，再复制一个图层。并将图层依次命名为"遮罩""影子""月亮"（图 90）。

第五步：改变图形的颜色。将"影子"图层的圆形修改为黑色、"遮罩"图层的圆形改为灰色（图 91）。其实遮罩层再修改颜色也不会显示，这里修改颜色目的是以示区分。

第六步：选中遮罩层，右击灰色圆形，转换为影片剪辑（图 92）。

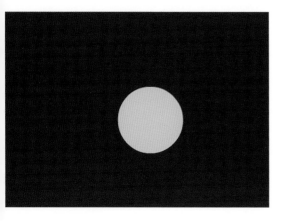

图 91 修改图形颜色

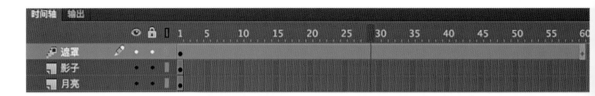

图 93 时间轴

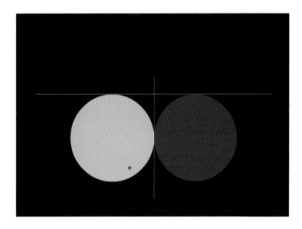

图 94 遮罩圆形

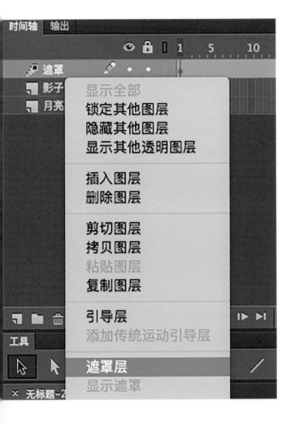

图 95 设置遮罩层

图 96 变为遮罩层后的显示

第七步：右击"遮罩"图层上的第 1 帧，选择"创建补间动画"，并在 60 帧处添加位置关键帧（图 93）。

第八步：点击"遮罩"图层第 1 帧，在舞台中遮罩圆形向左移动。

第九步：点击"遮罩"图层第 60 帧，在舞台中遮罩圆形向右移动（图 94）。

第十步：右击"遮罩"图层，选择"遮罩层"（图 95）。An 默认遮罩层的下一层为被遮罩层（图 96）。

第十步：选择"影子""月亮"两个图层的 60 帧处，添加帧。

第十一步：将动画保存为"月亮轮回 .fla"并发布。

2. 引导图层动画

引导图层主要用在制作复杂运动轨迹的动画中，需要配合补间动画来使用。引导图层制作的运动更为自由，而且设置简单。这里我们来制作一个纸飞机的动画案例。

第一步：在 Adobe Illustrator 中绘制内容，保存为"纸飞机"（图 97）。

这一步同样能在 An 中绘制，但由于 An 的图形绘制能力有限。因此一般较为专业的动画制作中，都采用 Photoshop 或 Illustrator 来进行前期的绘制。

第二步：打开 An，新建 8000x800 像素的场景，帧率选择为 24 帧。选择"文件—导入—导入到库"，将"纸飞机 .ai"导入 An（图 98）。

图 97 用 ai 绘制图形

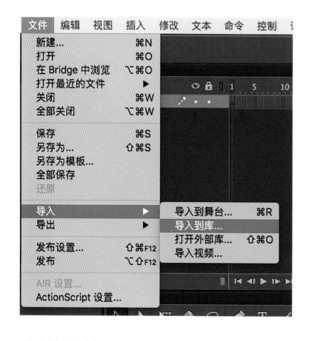

图 98 导入 ai 文件

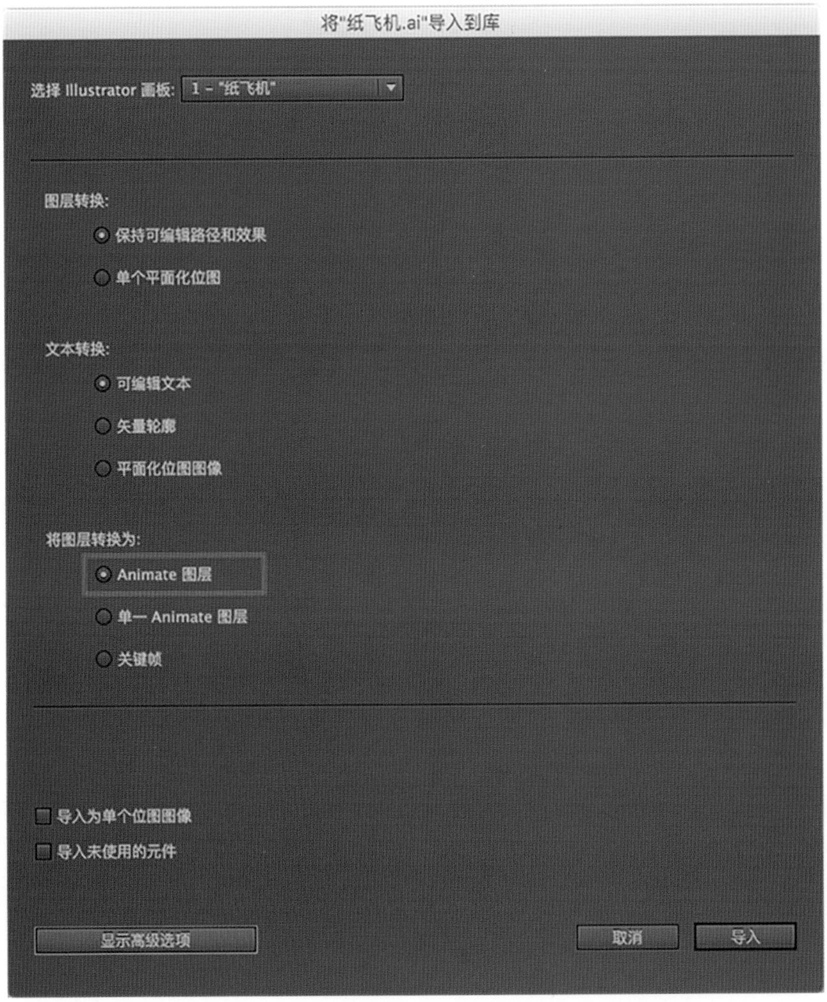

图 99 导入设置

　　这一步建议大家不要直接导入舞台，因为 AI 或 PSD 都可以分层导入，不一定每个图层对动画都有用。打开"显示高级选项"可以观察要导入文件的每个图层信息。这里我们选择全部都导入 (图 99、图 100)。

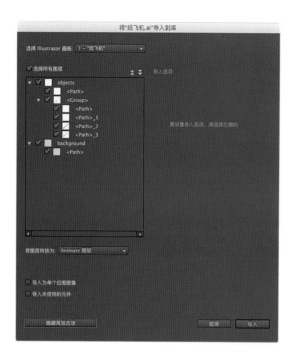

图 100 导入高级选项

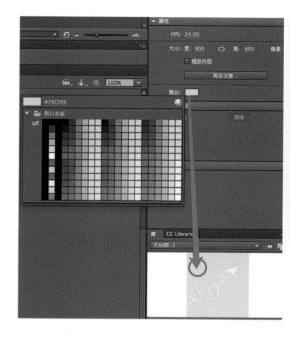

图 102 修改舞台颜色

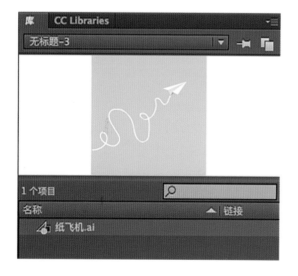

图 101 库面板

图 103 转换为元件

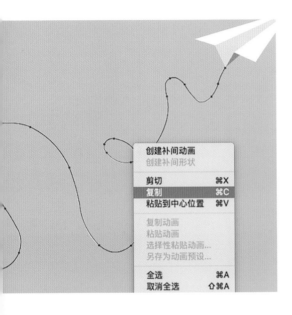

图 104 复制曲线

导入后，我们可以看到库中已经有了"纸飞机 .ai"了（图 101）。

第三步：将舞台颜色调整到与 AI 底色一致。这一步我们可以直接用吸色工具吸取库预览窗里的底色（图 102）。

第四步：在 An 中，导入过来的文件都以"图形"元件保存在库中（图 103）。因此，双击库中的"纸飞机 .ai"，就可以对它进行编辑。

选中纸飞机，将它转换为影片剪辑。将元件命名为"纸飞机"。

第五步：选中飞行曲线，右击复制（图104）。

图 105 更改图层名

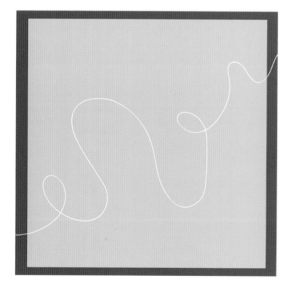

图 106 调整曲线

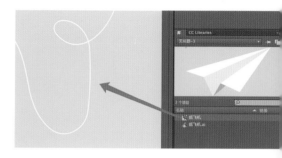

图 107 将元件放置到舞台

图 108 设置引导层

图 109 设置被引导层

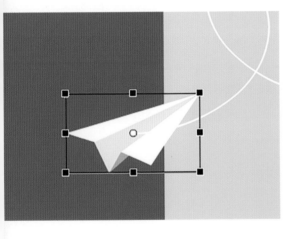

图 110 对齐引导线

第六步：返回"场景 1"，将"图层一"更名为"引导层"（图 105）。

将之前的曲线复制到舞台中，并进行适当的调整（图 106）。

第七步：新建图层，将图层命名为"纸飞机"。将影片剪辑"纸飞机"拖动到舞台中（图 107）。

这一步注意，一定要确定好图层再拖动。

第八步：右击"引导层"，选择"引导层"（图 108）。

第九步：拖动"纸飞机"，将它置于"引导层"下方（图 109）。这样我们就可以看到两个图层分别为引导和被引导的关系。

第十步：回到舞台，将纸飞机的中心对准曲线的端点（图 110）。

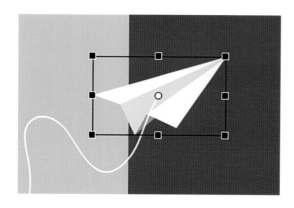

图 111 对齐另一端点

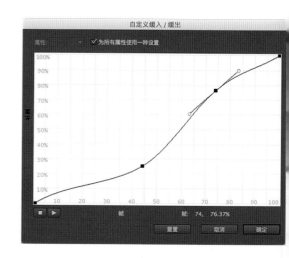

图 113 设置缓动曲线

图 112 编辑缓动

第十一步：在"纸飞机"图层第 100 帧处加入关键帧（快捷键 F6），在"引导线"图层 100 帧处加入普通帧（快捷键 F5），并将纸飞机拖动到曲线的另一个端点（图 111）。

第十二步：在"纸飞机"图层的 1 ~ 100 帧中创建传统补间。这样就完成了引导动画。

第十三步：接下来，我们对传统补间进行微调，点击补间中的任意帧，选择"属性 — 补间 — 编辑缓动"（图 112）。

第十四步：设置缓动曲线（图 113）。

第十五步：将动画保存为"纸飞机 .fla"并发布。

图 114 设置填充和笔触

图 115 绘制图形

五 . 按钮制作

Flash 动画中，按钮的制作时 Flash 中重要的特点，它使得动画具有一定的交互性。本节通过案例制作，使大家熟悉了解按钮制作的方法和技巧。此外，本节还将介绍简单的 ActionScript 3.0 脚本语言，帮助大家完成交互动画的制作。

1. 跳转动画按钮制作

跳转按钮是 Flash 中常见的按钮类型，主要用来控制时间轴的帧跳转。我们用一个"红绿灯"案例来给大家介绍跳转按钮制作方法。

第一步：打开 An，新建 550x400 像素的场景，帧率选择为 24 帧。

第二步：使用矩形工具，调整参数。设置轮廓为灰色、填充为黑色、笔触为 20、矩形选项（圆角矩形）为 50（图 114）。

在舞台绘制一个交通灯面板（图 115）。

图 116 锁定图层

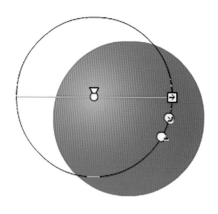

图 118 调整渐变

图 117 颜色设置

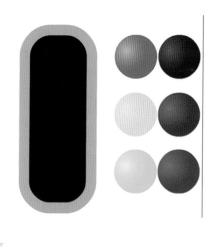

图 119 绘制灯

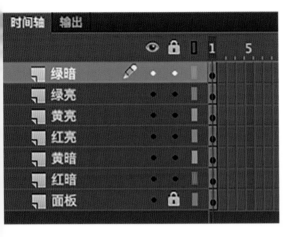

图 120 命名图层

图 121 调整位置

第三步：将"图层1"改名为"面板"并锁定图层（图116）。

第四步：新建图层，利用椭圆工具在舞台中绘制一个红灯（图117）。

第五步：利用"渐变变形工具"调整图形等渐变角度（图118）。

第六步：重复第四到第五步，绘制出6个圆形，代表灯的亮和暗（图119）。

第七步：全选6个圆右击，选择"分散到图层"，重命名（图120）。

第八步：选中所有图层，在第2～4帧添加关键帧，并将图层排列次序调整如图（图121、图122）。

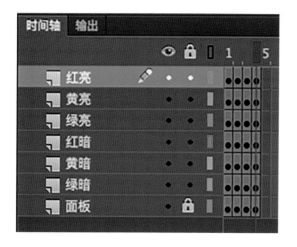

图 122 设置关键帧

图 124 绘制圆角矩形

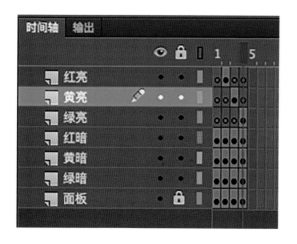

图 123 删除帧

图 125 转换为按钮

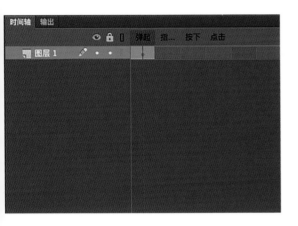

图 126 按钮编辑界面

图 127 添加关键帧

图 128 调整颜色

第九步：删除相应位置的帧（图 123），得到如下结果：

第 1 帧：全暗

第 2 帧：红亮

第 3 帧：黄亮

第 4 帧：绿亮

第十步：新建图层，将其命名为"按钮"。在舞台中绘制一个圆角矩形（图 124）。

第十一步：右击该图形，转换为按钮元件。将其命名为"红灯开"（图 125）。

第十二步：双击按钮元件，进入按钮编辑界面（图 126）。

在这里我们可以看到按钮编辑时间上是一个特殊的时间轴界面。其中只有 4 帧的位置，分别包含鼠标弹起、鼠标指针经过、鼠标按下动作、鼠标点击 4 种状态。

第十三步：在"指针经过"与"按下"两帧上插入关键帧（图 127）。

在"弹起"帧上，将按钮颜色调成暗红（图 128）。

图 129 直接复制

图 130 修改颜色

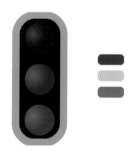

图 131 将按钮拖入舞台

第十四步：接下来，我们还需要绘制另外的两个按钮，这里介绍一种简单的方法。返回"场景 1"，在库中找到"红灯开"按钮元件。右击该元件，选择"直接复制"（图 129）。元件名设置为"黄灯开"。

直接复制在库中操作较为重要，它能提高动画工作效率。

第十五步：双击"黄灯开"按钮元件，修改其颜色（图 130）。同样"弹起"稍暗，其他稍亮。

第十六步：重复十四到十五步，完成"绿灯开"按钮。

第十七步：将按钮从库中拖入舞台（图131）。

第十八步：接下来，我们要赋予按钮动作。选中红色按钮，在属性面板中输入实例名称为"red"（图 132）。

相应的将黄色按钮的实例名称命名为"yellow"，将绿色按钮的实例名称命名为"green"。

这里要注意，实例名称不等同于元件名称。元件名称是用来被库记录和调用，而实例名称则应用于 ActionScript 脚本中。

图 132 命名实例名称

```
当前帧
AS:1
 1   stop();
 2
 3   red.addEventListener(MouseEvent.CLICK, fl_ClickToGoToAndStopAtFrame);
 4
 5   function fl_ClickToGoToAndStopAtFrame(event:MouseEvent):void
 6   {
 7       gotoAndStop(2);
 8   }
 9
10
11   yellow.addEventListener(MouseEvent.CLICK, fl_ClickToGoToAndStopAtFrame_2);
12
13   function fl_ClickToGoToAndStopAtFrame_2(event:MouseEvent):void
14   {
15       gotoAndStop(3);
16   }
17
18
19   green.addEventListener(MouseEvent.CLICK, fl_ClickToGoToAndStopAtFrame_3);
20
21   function fl_ClickToGoToAndStopAtFrame_3(event:MouseEvent):void
22   {
23       gotoAndStop(4);
24   }
25
```

图 133 输入脚本语言

由于 ActionScript 脚本的语言规范并不支持中文命名,因此我们设置实例名称必须用拉丁字母。另外, ActionScript 脚本对大小写敏感,因此命名最好一致用小写或一致用大写。

第十九步: 新建图层,命名"AS"。右击帧,选择"动作",打开动作面板。(图 133) 输入以下脚本:

stop();
red.addEventListener(MouseEvent.
CLICK, fl_ClickToGoToAndStopAtFrame);
function fl_ClickToGoToAndStopAtFram
e(event:MouseEvent):void
{
    gotoAndStop(2);
}
yellow.addEventListener(MouseEvent.
CLICK, fl_ClickToGoToAndStopAtFrame_2);
function fl_ClickToGoToAndStopAtFram
e_2(event:MouseEvent):void
{
    gotoAndStop(3);
}
green.addEventListener(MouseEvent.
CLICK, fl_ClickToGoToAndStopAtFrame_3);

function fl_ClickToGoToAndStopAtFram

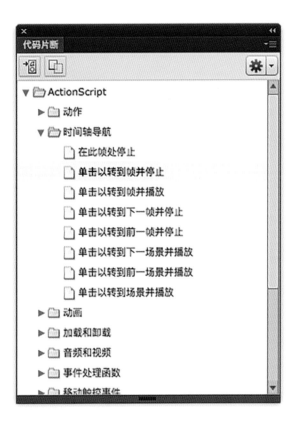

图 134 代码片段

e_3(event:MouseEvent):void

```
    {
        gotoAndStop(4);
    }
```

这里给大家翻译一下这个脚本的含义：

开始第 1 帧就停止。给"red"按钮增加一个点击侦听事件，点击就跳转到第 2 帧并停止。

开始第 1 帧就停止。给"yellow"按钮增加一个点击侦听事件，点击就跳转到第 3 帧并停止。

开始第 1 帧就停止。给"green"按钮增加一个点击侦听事件，点击就跳转到第 4 帧并停止。

如果对写脚本没有信心，你也可以使用代码片段来帮助书写。这里我们可以用 ActionScrip 一 时间轴导航 一 单击以转到帧并停止（图 134）。使用时要注意选择对应的按钮来添加。

第二十步：这样，点击按钮我们就可以对红绿灯进行控制了。最后将动画保存为"红绿灯 .fla"并发布。

图 135 调整图形

图 136 调整旋转中心

图 137 旋转并复制

2. 播放与停止按钮动画制作

在 Flash 动画中, 用按钮来控制播放和停止十分常用, 本案例将介绍如何用一个按钮来控制播放与停止。

第一步: 打开 An, 新建 550x400 像素的场景, 帧率选择为 24 帧。

第二步: 在舞台中绘制一个橙色的椭圆形, 使用 "选择工具" 对圆形的形状进行调整 (图 135)。

第三步: 选择 "任意变形工具", 将图形的旋转中心调整到下方位置 (图 136)。

第四步: 找到 "变形" 面板, 将旋转设定为 90 度, 点击 "复制" 按钮三次, 即旋转并复制三次 (图 137)。

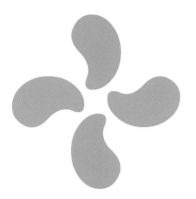

图 138 扇页效果

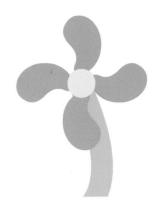

图 140 绘制花蕾

图 139 绘制花茎

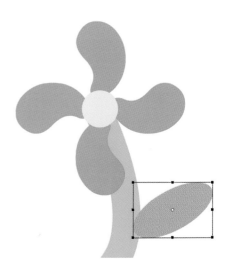

图 141 绘制按钮

图 142 绘制小叶子

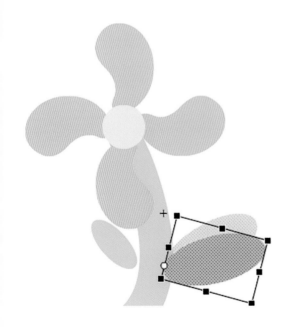

图 143 调整按钮动画

完成四个扇页的绘制。

第五步：选中 4 片扇页，转换为影片剪辑，命名为"扇页"（图 138）。实例名称为"FAN"。

第六步：返回"场景 1"，重命名"图层 1"为"扇页"。新建图层，命名为"花茎"（图 139）。使用钢笔工具，设置颜色为绿色，笔触为 42，在舞台绘制出花茎。

第七步：新建图层，命名为"花蕾"，在扇页中间绘制一个黄色的圆形（图 140），并调整相关图层位置。

第八步：新建图层，命名为"按钮"（图 141），在舞台上绘制一个绿色椭圆并调整角度，让它看起来更像是叶子。

第九步：新建图层，命名为"叶子"，在舞台上绘制另一片叶子（图 142）。这片叶子不具备按钮功能。

第十步：选择大叶子右击转换为按钮，命名为开关。按钮的实例名称为"btn"。

第十一步：双击按钮进入按钮编辑界面，在"指针经过"添加关键帧，在这一帧调整叶片位置稍微向下。调整时注意将旋转中心调整到左下位置（图 143）。

图 144 添加传统补间

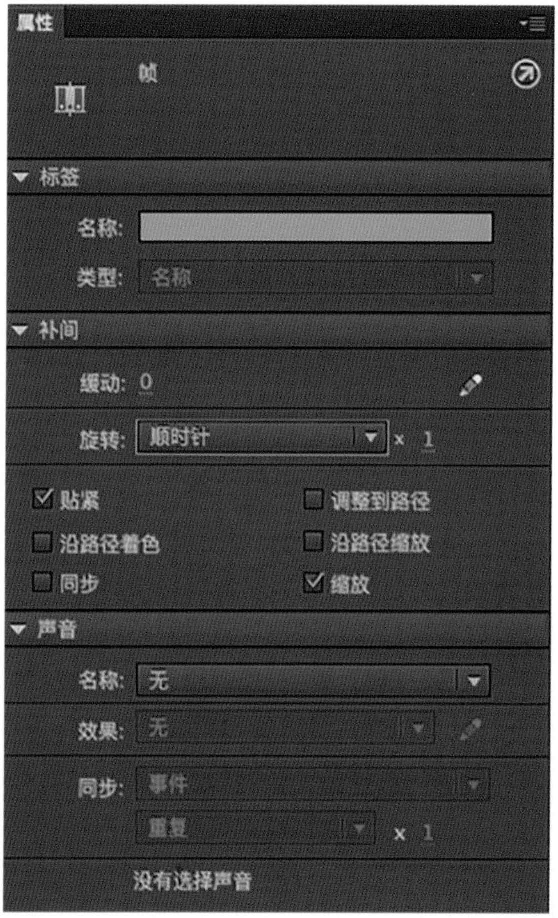

图 145 设置补间属性

右击"指针经过"这一帧,选择"复制帧"。选中"按下"右击,选中"粘贴帧"。这样两帧的内容完全一致了。

第十二步:回到"场景 1",双击"扇页",进入影片剪辑编辑界面。再次选中 4 片扇页右击,转换为图形元件。命名为"扇页 01"。

在其第 24 帧处添加关键帧,并创建传统补间(图 144)。

第十三步:单击补间中任意位置,在属性中找到"补间 — 旋转",设置旋转为:顺时针,次数为"1"(图 145)。

第十四步:回到"场景 1",新建图层并命名为"AS"。右击打开动作面板,(图 146)输入以下脚本代码:

```
fan.stop();
var isPlay: Boolean= true;
btn.addEventListener(MouseEvent.
CLICK, fl_MouseClickHandler_2);
    function fl_MouseClickHandler_2(event:
MouseEvent): void {
        isPlay = !isPlay
        if (!isPlay) {
                fan.play();
        } else {
```

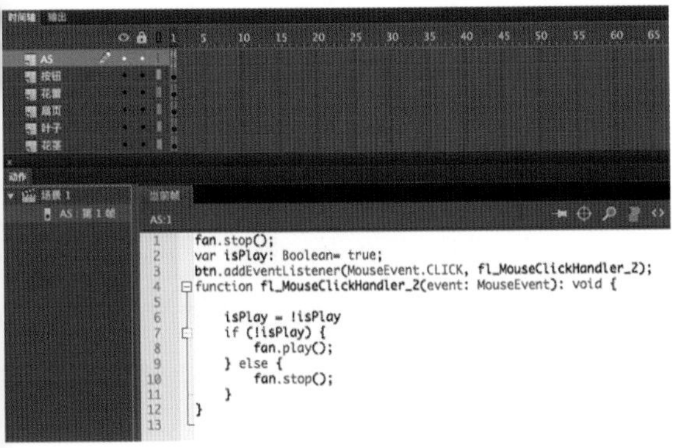

图 146 输入代码

```
fan.stop();
    }
}
```

这里给大家翻译一下这个脚本的含义：

"fan"元件开始就停止。设置"isPlay"为布尔函数（用来做判断）。

给"btn"按钮增加一个点击侦听事件，点击就进行如下判断。

设定"isPlay"不等于不播放。如果不播放，"fan"就播放。否则，"fan"就停止。

第十五步：这样，点击绿叶就可以控制风扇的旋转或停止了。最后将动画保存为"卡通风扇 .fla"并发布。

练习题

跟做本章练习案例。

第五章

**FLASH ANIMATION
COMPLETE ANALYSIS**

Flash 动画制作动画完全解析

图 1 网页 Banner 条案例

本章知识点：Flash 动画项目制作流程。

本章以实际动画项目作为案例来介绍 Flash 动画的制作。与之前不同，前一章的案例基本以知识点为主，而本章案例则是以完成项目需求为主。因此，本章的案例步骤描写将重点放在结合知识点和制作逻辑上。

一 . 网页 Banner 条制作

网页 Banner 条（图 1）是指网站页面中最首要位置的横幅广告，一般网站会将它安放在首页的导航条下。网页 Banner 条主要有宣传网站、报道重要图文信息等作用，要求醒目突出，具有观赏性。

Flash 动画的形式恰好与网页 Banner 条的应用特点不谋而合。所以，自 Flash 动画诞生初期就开始大量被网页使用。Flash Player 也成了全世界每台电脑都必备的浏览器插件。

1. 项目制作思路

本案例是以标题文本动画为主的 Flash Banner 条。在开始之前我们需要考虑以下几点：

(1) 素材准备

本案例内容相对简单，字体可以使用"微软雅黑"，图形可以自己绘制，或者寻找到相应素材。背景是由灰到白的渐变色，我们可以在 An 里绘制。

(2) 动画设计

一般来说，用户在观赏网页过程中，不会将太多的时间停留在 Banner 条的动画上。因

此，我们在设计动画的时候应该时间不要过长。一般最长不要超过 10 秒。此外，动画方式也不宜过于复杂。眼花缭乱的动态效果虽然美观，但这样会使网站用户视觉产生干扰，影响其他内容的阅读。

考虑到以上因素，Logo 图形我们用三维旋转方式制作，时长最好控制在 2 秒以内。文字动画较图形稍慢出现，但一起结束。

(3) 元件结构

本案例元件结构比较简单，图形和文字的每个字母都为影片剪辑即可，无需复杂嵌套。

2. 制作过程

第一步：设置舞台为 960x300，绘制一个 960x300 的矩形，并调整渐变色由灰到白（图 2）。将图层名改为"BG"。

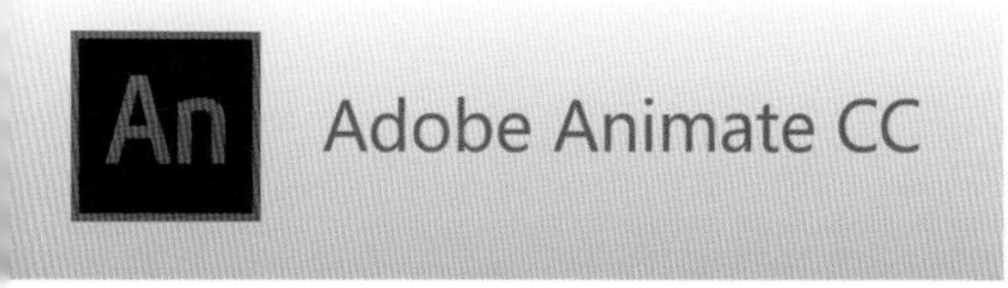

第二步：新建"logo"图层，导入 Logo 图形到舞台并调整位置。新建"文字"图层，输入"Adobe Animate CC"，并调整位置（图 3）。

图 2 设置背景渐变色

Adobe Animate CC

图 3 位置调整

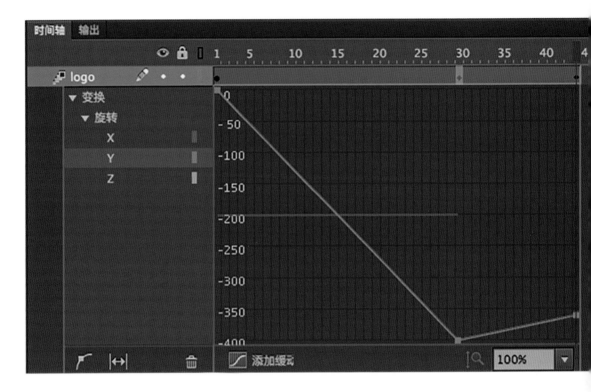

图 4 设置旋转动画

第三步: 选中 "Logo" 图层, 创建补间动画。在第 45 帧处插入旋转关键帧。利用三维旋转工具旋转图形 Y 轴。双击补间, 调整 Y 轴在 45 帧为 –360 度。在第 30 帧处创建关键帧。调整 Y 轴在 45 帧为 –400 度左右 (图 4)。

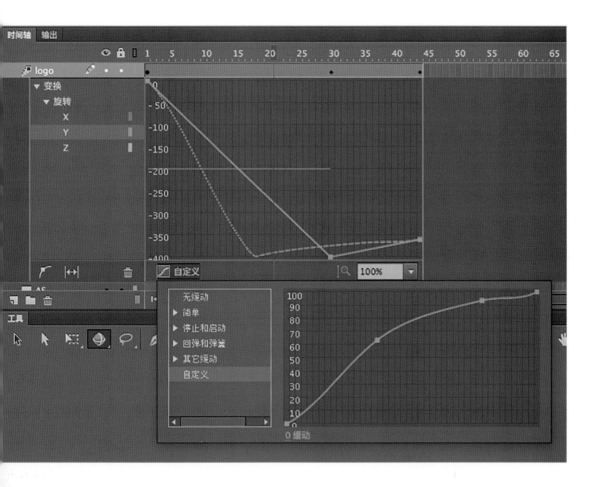

图 5 设置缓动曲线

第四步: 点击下方"添加缓动"按钮,选择"自定义"。调整缓动曲线为指数形态 (图 5)。

这一步的作用是调整 Logo 旋转的速度,看上去越是陡峭的曲线, 旋转速度也就越快。缓动设置是Flash动画中重要的动画制作手段,它的作用是能让动作看上去更加自然, 没有机

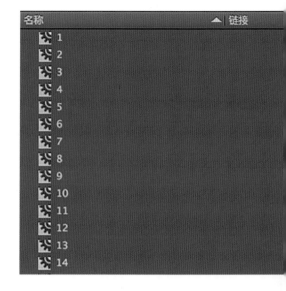

图 7 在库查看元件命名

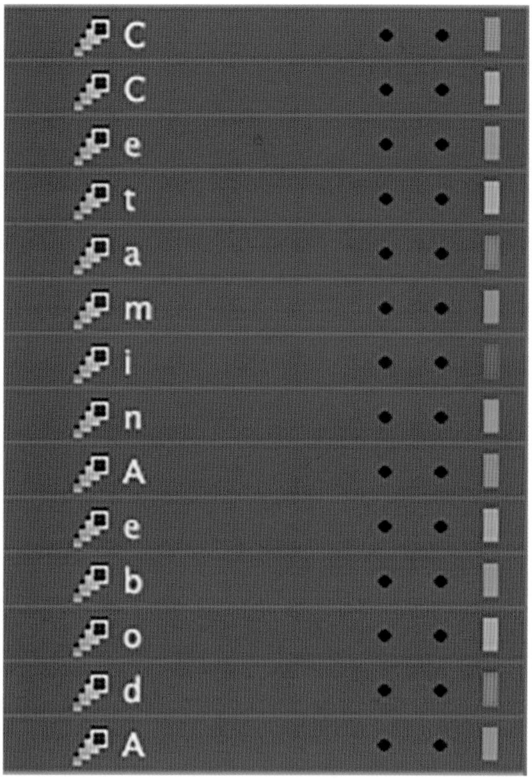

图 6 图层命名

械感。虚线表示该图形在设置缓动后,实际对应时间的运动角度。

第五步:分离字母并分散到图层(图6),将每个字母都转换为影片剪辑。元件名设定时建议以数字来命名(图7)。

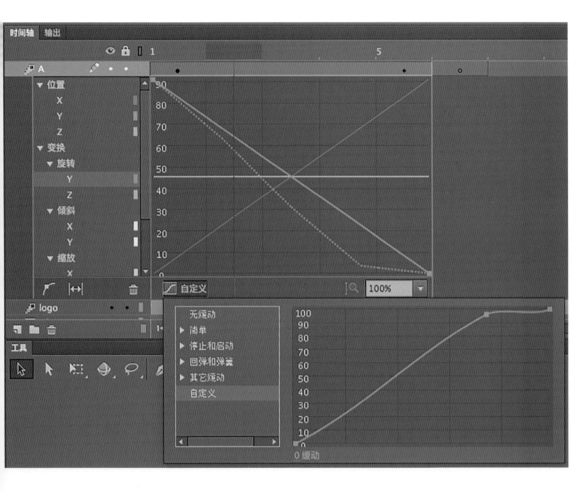

图 8 字母动画设置

第六步：选中第一个字母所在的 "A" 图层，创建补间动画。在第 6 帧处插入旋转关键帧。利用三维旋转工具旋转图形 Y 轴。双击补间，调整 Y 轴在第 1 帧处为 −90 度。在第 6 帧处调整 Y 轴在 0 度。自定义设置缓动（图 8）。

FLASH WEB ANIMATION
DESIGN AND PRODUCTION
Flash 网页动画设计与制作

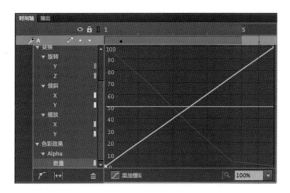

图 9 设置透明度动画

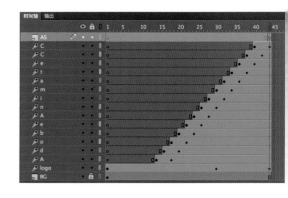

图 12 动画时间轴

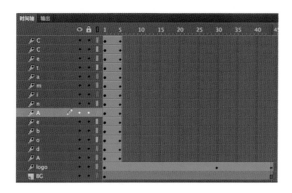

图 10 补间应用

第七步：在第 6 帧插入色彩关键帧。设置元件在第 1 帧时 Alpha 值为 0，第 6 帧为 100（图 9）。

第八步：将文字的补间动画存为动画预设，命名为"rotate"。并将其应用到每一个字体图层上（图 10）。

第九步：将每层的动画时间错开。在"Logo"开始后的第 14 帧为开始第一个字母开始动画，每个字母间错开 2 帧时间开始（图 11）。

第十步：在没有到第 45 帧的图层，插入普通帧。新建"AS"图层，在 45 帧插入关键帧（图 12），输入动作"stop();"。

第十一步：保存并发布作品。

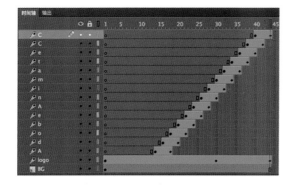

图 11 动画时间调整

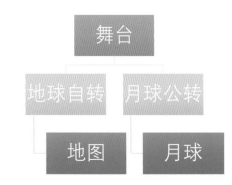

图 13 元件结构图

二. 动画场景制作

　　在 Flash 动画制作中, 完整的作品是由一个个串联起来依次播放的动画场景来实现的。分场景的制作既可以多人协同完成一部作品, 又能方便后期的修改和调整。这里我们来制作"一个地球自转, 月球绕地球公转"的场景。

1. 项目制作思路

　　本案例侧重引导层和遮罩层动画的复合使用, 我们必须在前期做好以下工作:

（1）素材准备:

　　本案例我们需要准备一张世界地图, 建议使用 Ai 文件导入。其他的内容我们可以通过 An 自行绘制。

（2）实现方法:

　　本案例中, 地球的自转可以通过遮罩动画来完成, 月球的公转可以采用引导层动画来实现。

（3）元件结构:

　　本案例元件结构复杂, 我们可以预先绘制一个元件结构图来分析。

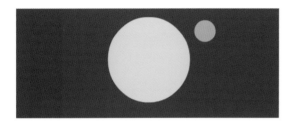

图 14 绘制圆形

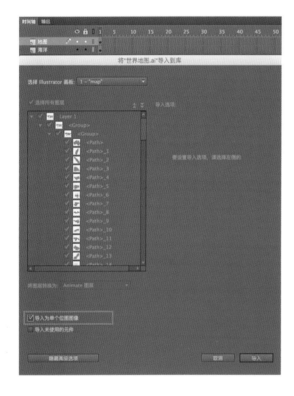

图 15 导入地图素材

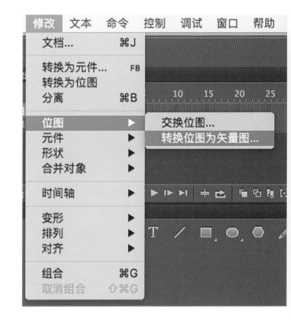

图 16 转换为矢量图

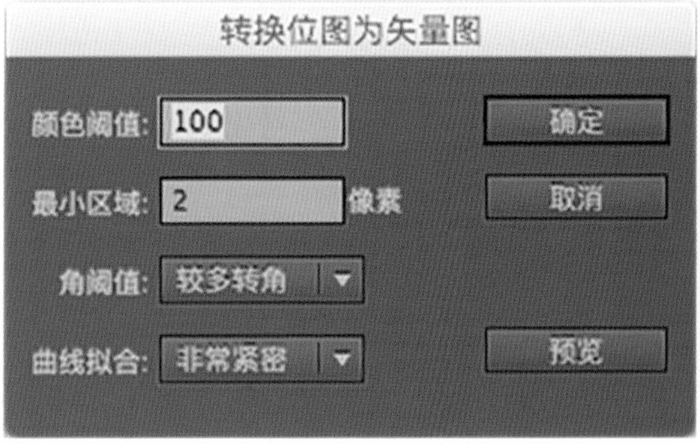

图 17 调整参数

这里建议大家在每次制作前先绘制一个元件结构图。根据结构图，我们可以对元件的命名和嵌套有初步的规划。

2. 制作过程

第一步：新建一个 800x600 的舞台，舞台颜色为深蓝色。将"图层 1"改名为"地球"，绘制一个蓝色的圆形，转换为名为"地球自转"的影片剪辑。新建"月球"图层，绘制一个灰色圆形（图 14）。将其转换为影片剪辑，名为"月球公转"。

第二步：双击"地球自转"元件，进入元件编辑界面。将"图层 1"改为"海洋"。新建"地图"图层，将准备好的"世界图 .ai"文件导入到库（图 15）。导入时选择"导入为单个位图图像"。

第三步：锁定"海洋"图层，将世界地图放置到"地图"层。调整好位置大小后，在菜单中选择"修改 — 位图 — 转换位图为矢量图"（图 16）。

调整最小区域为"2"像素，角阀值为"较多转角"，曲线拟合为"非常紧密"。

这一步主要是将导入到图像转换为 An 可编辑的矢量图（图 17），参数调整越高，转换

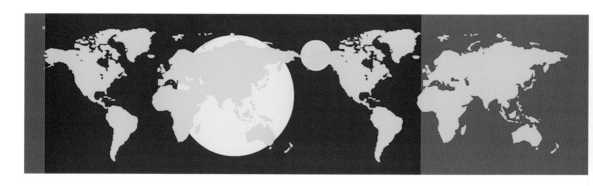

图 18 "地图"元件编辑

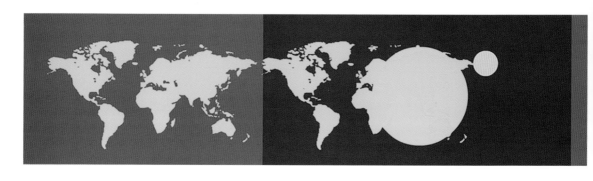

图 19 设置关键帧位置

后也就越接近原稿。另外，一定要记得将下面图层锁定。因为 An 中，两个不同颜色的矢量图形有剪切合并的功能，锁定图层可以防止误操作。

第四步：调整地图色彩为绿色，转换为影片剪辑，命名为"地图"。双击"地图"元件，进入元件编辑界面，向右侧再复制一个地图并调整位置（图 18）。

这一步操作时，尽可能将地图的左对齐到场景，这样可以为之后动画的位置提供参考。

第五步：回到"地球自转"，在"地图"图层第 72 帧处插入关键帧。保持第 72 帧处"地图"元件位置不动。选择到第 1 帧，向右侧"地图"元件的位置并创建传统补间动画。

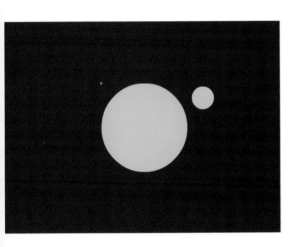

图 20 建立遮罩

图 21 增加地球的光影

在完成这个步骤时，应当思考地球自转运动的规律。这里我们让地图向右侧移动来表现地球的自转（图 19）。

此外需要注意，第 1 帧与最后一帧的画面不要重合。如果重合，视觉上会觉得该帧处停顿了一下，影响动画最终效果。所以可以将第 72 帧的画面稍微向左调整一点点。

第六步：在"海洋"图层的第 72 帧处按"f5"插入普通帧。复制"海洋"图层，命名为"遮罩"。并将其放置在最上层，右击图层，将它设置为遮罩层（图 20）。这样就完成了地球的自转。

第七步：给地球增加明暗对比，让它看上去更有层次。再次复制"海洋"图层，将其命名为"光影"（图 21）。用颜色工具，给图形填充径向渐变。

这里可以用半透明黑色作为背光面的效果，透明白色用作首光面的效果。最后使用"渐变变形工具"对渐变位置进行调整，使得画面具有立体感。

163

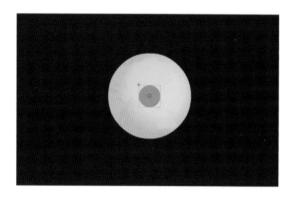

图 22 建立"月球"元件

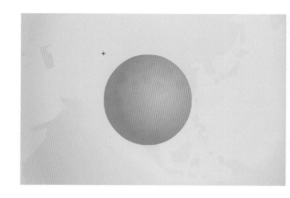

图 24 增加月球光影

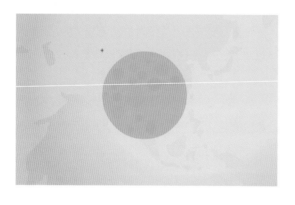

图 23 绘制陨石坑

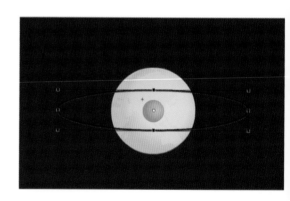

图 25 绘制月球轨道

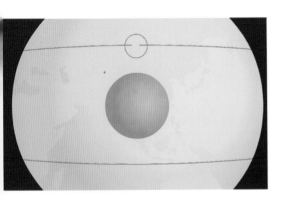

图 26 断开闭合线条

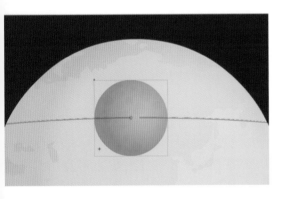

图 27 调整月球起始位置

第八步：回到"场景 1"，拖动"月球公转"到地球中间。双击进入"月球公转"的元件编辑界面（图 22）。将图形转换为影片剪辑，命名为"月球"。

这一步操作时要求将月球放置在地球中央，这样操作是为了更好地对位，方便之后的动画制作。

第九步：双击"月球"，进入元件编辑界面。将"图层 1"更名为"底色"并锁定图层。新建"陨石坑"图层，使用"圆形"工具绘制几个陨石坑（图 23）。

第十步：复制"底色"图层，更名为"光影"，放到最上层。与"地球"一样添加一个月球的光影（图 24）。

第十一步：返回"月球公转"编辑界面，将"图层 1"改为"月球"。新建"轨道"图层，使用"圆形"工具绘制一个椭圆线框。这里必须设置无填充色，笔触尽量细一些（图 25）。

第十二步：使用"橡皮"工具，在轨道上擦出一个小口。因为引导动画必须设定开始与结束位置。封闭线条将无法完成引导层动画（图 26）。

第十三步：在"轨道"图层第 180 帧处添加普通帧，在"月球"图层第 180 帧处设置关键帧（图 27）。将月球位置移动到右侧缺口，第 1 帧移动到左侧缺口。随后，创建传统补间动画。

注意，一定要将元件的中心点对齐线条的端点，这样引导层才能起作用。另外，由于是圆周运动，设定的关键帧最好是 4 的倍数，这样方便之后调整。

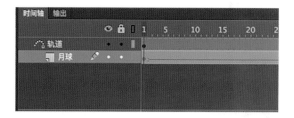

图 28 设置引导层

图 30 调整亮度

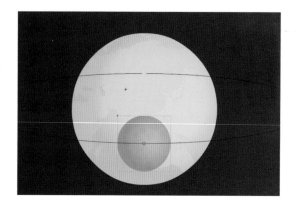

图 29 放大月球

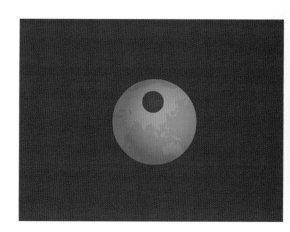

图 31 新建图层

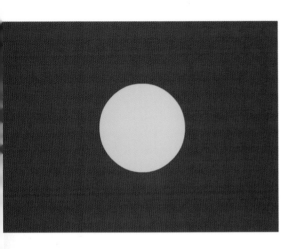

图 32 复制地球形状

图 33 挖空图形

第十四步：设置"轨道"为引导层，"月球"为被引导层（图 28）。预览查看是否成功。

第十五步：选择"月球"图层的第 90 帧处，

添加关键帧。在该帧处适当放大月球，形成近大远小的视觉效果（图 29）。

第十六步：接下来，我们可以依据月球的运动轨迹，模拟出月球经过地球背面时，亮度逐渐变暗的效果（图 30）。

分别在"月球"图层的第 60 帧、第 150 帧处添加关键帧（图 31）。选择到第 1 帧，选中元件，在"属性 — 色彩效果 — 样式"中选择"亮度"，调整亮度为"–70%"。同样，第 180 帧也设置为"–70%"。

通过预览可以看到自传与公转都做好，但是月球始终在地球前面。我们可以设置一个遮罩层来解决这个问题。

第十七步：返回"场景 1"，新建"月球遮挡"图层。绘制一个与场景等大的矩形，并设置为 50% 透明度。

第十八步：返回"场景 1"，将图形复制到"月球遮挡"里面。将其与下层的地球位置完全对齐。

注意：复制过来的图形默认为选中状态，这时直接移动可以调整位置（图 32）。如果点击其他地方后再选择。那么图形会起到剪切作用。因此，这一步要一次完成，中间不能点击其

图 34 绘制矩形

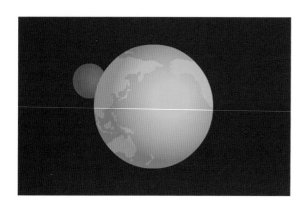

图 35 预览效果

图 36 绘制繁星

他地方。

第十九步：再次选中圆形，移去圆形。我们可以看到一个挖空的图形（图33）。

第二十步：在图形上再绘制一个矩形（图34），要求留出地球的上半部分。由此得到一个挖空地球上半部分的图形。

第二十一步：设置该图层为遮罩层。"月球"为被遮罩层（图35）。这样月球在远处时就会被隐藏。

第二十二步：新建"繁星"图层，将其置于最底层。绘制些许小圆点，作为繁星背景（图36）。

第二十三步：最后，保存并发布作品。

三 . 交互式幻灯片制作

Flash 交互式幻灯片使用面极其广泛,常用于课件制作,网页轮播图制作等。这里将通过制作 4 张图片切换的案例,来展示交互式幻灯的实现方法。

1. 项目制作思路

本案例侧重按钮的使用,我们必须在前期做好以下工作:

(1)素材准备

准备 4 张大小一致的图片。

(2)实现方法

本案例中,通过按钮来切换图片。图片切换时的过场动效可以遮罩动画来完成。

(3)元件结构

本案例元件结构复杂,通过分析,可以绘制出这样一张元件结构图(图 37)。

从结构图中,我们可以看到分为三层元件的嵌套。看似复杂,但是二三层大部分都是重复的元件。因此,我们着重在一个按钮和一个图片的元件制作,其他的可以复制。

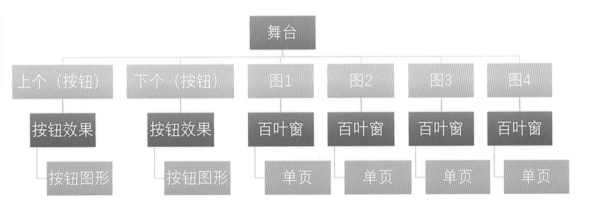

图 37 元件结构图

图 38 导入图片

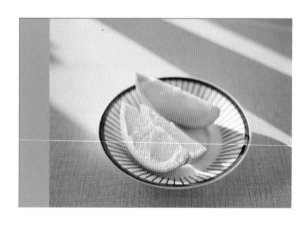

图 39 绘制矩形

图 40 复制影片剪辑

2. 制作过程

　　从结构图中，我们可以看到分为三层元件的嵌套。看似复杂，但是二三层大部分都是重复的元件。因此，我们着重在一个按钮和一个图片的元件制作，其他的可以复制。

　　注意在制作时最好将图片按数字编号，以免制作过程中出现误操作（图 38）。

　　第一步：右击该图片，将其转换为"图 1"的影片剪辑。双击进入该元件编辑界面，将"图层 1"重命名为"图"。新建名为"遮罩"的图层，绘制一个宽 50 像素、高 300 像素的矩形，放置在图片等左侧（图 39）。

　　第二步：右击该图形，将其转换为名为"百叶窗"的影片剪辑。双击进入该元件编辑界面，右击该图形，将其转换为名为"单页"的影片剪辑。向右侧水平复制 9 个"单页"影片剪辑，以铺满整个画面（图 40）。

　　这一步十分重要，因为这一层我们要作为遮罩去使用，但是遮罩不能同时使用多个元件。因此我们用"百叶窗"元件嵌套 9 个"单页"元件来实现这一效果。

图 41 修改图形大小

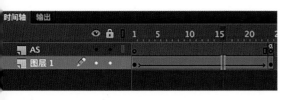

图 42 创建补间形状

图 43 设置遮罩层

第三步：双击其中一个"单页"元件，进入该元件编辑界面。在第 24 帧处加入关键帧。选中第 1 帧，调整矩形的大小，将矩形的宽度设置为"1"（图 41）。

第四步：在 1 ~ 24 帧中间右击，选择"创建补间形状"（图 42）。新建"AS"图层，在第 24 帧加入关键帧，打开动作面板，输入"stop();"。

第五步：返回"图 1"，右击"遮罩"图层，将其设置为遮罩层（图 43）。"图"图层设置为被遮罩层，预览效果。

第六步：返回"场景 1"，在库中找到"图 1"元件右击。选择"直接复制"（图 44），将其命名为"图 2"。

图 44 直接复制元件

图 45 对齐元件

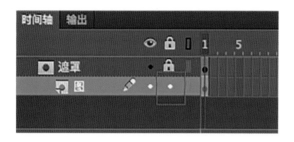

图 46 解锁图层

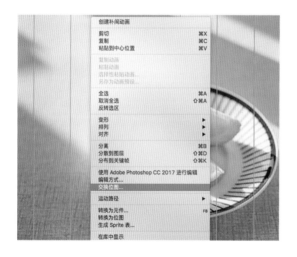

图 47 选择交换位图

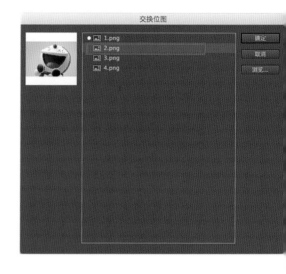

图 48 交换位图界面

图 49 完成幻灯图

图 50 绘制按钮图形

← 场景 1　上个　按钮效果　按钮图形

图 51 设置按钮元件

第七步：在"图片"图层的第 2 帧处右击，选择"插入空白关键帧"。将"图 2"元件放置在舞台上。将元件左上角对齐舞台的左上角，或调整位置参数为"X: 0, Y: 0"（图 45）。

第八步：双击"图 2"进入元件编辑界面，解锁"图"图层（图 46）。

右击舞台中的图，选择"交换位图"（图 47）。在界面中，选择"2.png"。

注意，一般设置好遮罩层之后，默认遮罩层和被遮罩层都被锁定图层，所以这里我们要

先取消锁定再进行操作。

第九步：重复第六到第八的步骤，依次建立"图 3"与"图 4"元件，并放置在"场景 1"中"图片"图层的第 3 帧和第 4 帧（图 48、图 49）。

第十步：在"图片"图层上方新建"按钮"图层，使用矩形工具绘制一个宽 50 像素、高 300 像素的黑色矩形（图 50）。使用线条工具绘制一个向左的箭头，然后居中对齐。

第十一步：右击图形，转换为按钮，将其命名为"上个"。双击该元件，进入元件编辑界面。选中图形右击，将其转换为影片剪辑，命名为"按钮效果"。再次选中图形右击，将其转换为图形元件，命名为"按钮图形"（图 51）。

我们可以通过舞台上方的目录来查看是否操作正确。

记住，这一步操作的时候一定要将矩形和箭头一起选中。

图 52 添加按钮效果

图 53 设置透明度

第十二步：回到"上个"的元件编辑界面，删除"弹起"帧的内容。从库中找到"按钮图形"元件，复制到舞台（图 52）。在"指针经过"帧插入空白关键帧，从库中将"按钮效果"元件拖至舞台。再"按下"帧插入空白关键帧，从库中将"按钮图形"元件拖至舞台。

第十三步：在"弹起"帧处，设置图形元件透明度为"0"。再"按下"帧处，设置图形元件透明度为"30"（图 53）。

第十四步：在"指针经过"帧处，双击元件，进入"按钮效果"元件编辑界面。在第 10 帧处添加关键帧，将图形元件透明度设置为"30"。在第 1 帧处设置元件透明度为"0"。在两个关键帧间右击，创建传统补间动画（图 54）。

新建"AS"图层，在第 10 帧处插入关键帧。右击打开动作面板，输入"stop();"。

这样，按钮的效果就完成了。鼠标经过时会淡入透明按钮。鼠标移开时，按钮就会消失。

图 54 设置关键帧

图 55 复制按钮

图 56 设置按钮实例名

图 57 添加脚本图层

第十五步：回到"场景 1"的按钮图层，在库中选"上个"按钮元件直接复制。将复制的元件命名为"下个"，添加到舞台右侧（图 55）。使用旋转工具，将"下个"按钮旋转 180 度。

由于之前设置了全透明按钮，所以这一步操作中，按钮并不可见。如果需要查看效果，可以点击进到"按钮图形"元件来查看。

第十六步：选择"上个"按钮元件，将实例名修改为"prev"。同样，选择"下个"按钮元件，将实例名修改为"next"（图 56）。

第十七步：在"场景 1"的"按钮"图层上方新建图层，将其命名为"Actions"（图 57）。输入以下脚本内容：

```
stop();
next.addEventListener(MouseEvent.
CLICK, fl_ClickToGoToNextFrame_1);
function fl_ClickToGoToNextFrame_1(ev
ent:MouseEvent):void
{
  var frame:int = this.currentFrame;
  if(frame == 4){
    gotoAndStop(1);
  }
  else{
    nextFrame();
```

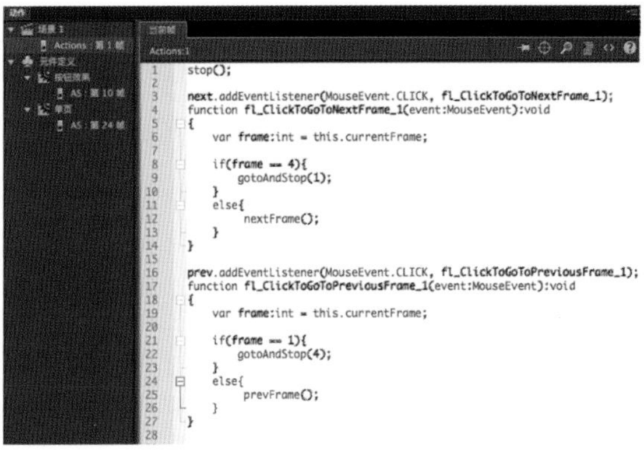

图 58 输入动作脚本

```
    }
  }
  prev.addEventListener(MouseEvent.
CLICK, fl_ClickToGoToPreviousFrame_1);
  function fl_ClickToGoToPreviousFrame_
1(event:MouseEvent):void
  {
    var frame:int = this.currentFrame;
    if(frame == 1){
      gotoAndStop(4);
    }
    else{
      prevFrame();
    }
  }
```

这里给大家翻译一下这个脚本的含义：

开始就停止。给 "next" 按钮增加一个点击侦听事件，定义 "frame" 为当前帧（图58）。

如果当前帧为第 4 帧，那么就跳转到第 1帧。如果当前帧不是第 4 帧，那么就跳转到下一帧。

给 "prev" 按钮增加一个点击侦听事件，定义 "frame" 为当前帧。如果当前帧为第 1 帧，那么就跳转到第 4 帧。如果当前帧不是第 1 帧，那么就跳转到上一帧。

这样我们就可以让按钮循环跳转图片了。注意，这一步操作前必须要设定按钮元件的实例名称。

第十九步：预览无误后，保存并发布作品。

图 59 动画主题

图 60 海洋与蓝鲸由此展开主题

图 61 蓝鲸与海洋形变并转场

图 62 通过变形，出现"蓝鲸"App 的图标

◢ 四 . 商业 MG 动画制作解析

本节我们以一个实际项目作为案例，剖析 Flash 动画的制作过程。先来介绍下案例动画的需求，该动画为"蓝鲸 APP"宣传动画，属于企业宣传类动画。制作时需要突出该公司的企业文化以及软件本身的科技感。带着这些问题我们开始了创作。

1. 剧本编写阶段

首先是构思和创意阶段。目前，使用 Flash 动画方式来做企业宣传的公司非常多，这使得 Flash 动画在广告界一直都有一席之地。但是我们也发现目前 Flash 动画中数据图表的表达上有非常强大的优势，大部分的企业都把企业宣传动画做得非常像 MG 动画，缺乏情感。而剧情类动画，需要较多时间构思剧情，动画制作复杂且成本非常高昂，所以一般公司情愿拍摄真人视频来制作剧情类的宣传片（图 59 ~图 62）。

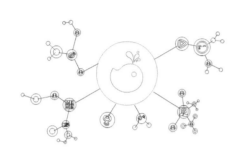

图 63 通过图形来展示该产品的功能

图 65 放大每个图标来阐释 App 的功能

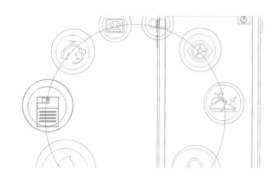

图 64 将这些对应的功能对应地安置到手机画面

蓝鲸也为注册财经记者提供免费整理采访录音和蓝鲸小秘书24小时人工服务

图 66 配合辅助图形与文字来完整解释功能介绍

图 67 展示 App 使用场景

我们想法是希望融合两者特点, 在阐述数据同时给人亲和力。于是, 我们由 "蓝鲸" 为线索展开联想。我们联想到了这么几个关键词 "海洋、最大、大容量、协作、自由、未来" 等。

将初步的关键词提炼升华, 我们开始着手脚本的设计制作。为了缩短制作周期, 我们在脚本阶段就用 Flash 制作 (图 63 ~ 图 68)。

图 68 展示 App 的咨询内容

图 69 鲸鱼形象设计

2. 角色设计与定位阶段

接下来，我们开始着手细化角色造型。这里说的对角色形象不仅仅指人物形象，还包含相关的视觉形象。我们可以使用 AI 绘制出所需的动画形象，然后导入到 An 中，也可以直接通过 An 来绘制 (图 69 ~ 图 71)。

图 70 人物形象设计

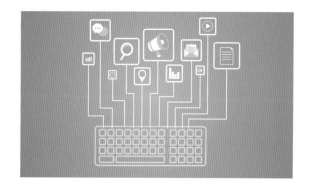

图 71 信息图标设计

3. 场景设计阶段

完成角色设计之后, 按照脚本设计出场景画面。由于整段动画都以抽象的矢量扁平化作为主体风格, 因此背景也延续该风格。在用色上, 我们使用以蓝色为主要背景的底色, 进一步加强"蓝鲸"这个主题 (图72 ~ 图74)。

图 72 文字标题的背景绘制

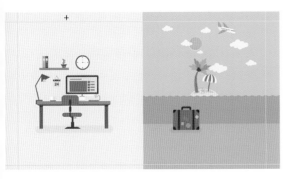

图 73 人物场景绘制

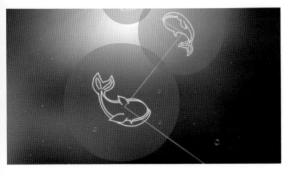

图 74 海洋场景绘制

图 75 细化该镜头下的物体运动轨迹

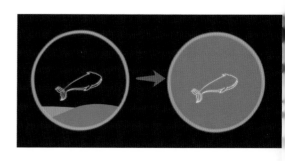

图 78 设计动画细节

4. 绘制分镜头阶段

由于在创作阶段已经使用了 Flash 来基本定型，因此，这里的分镜做法其实是设计 Flash 的运动方式。我们把设计好的人物与背景先按脚本导入图层，之后开始进行动态的设计与制作（图 75 ~ 图 78）。

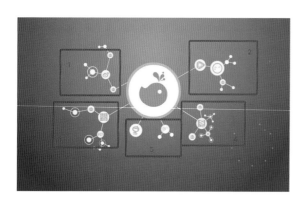

图 76 细化镜头推拉以及运动顺序

图 77 设计物体滚动并缩放

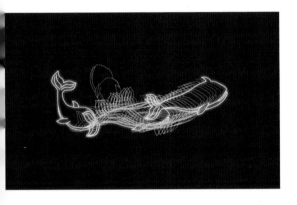

图 79　逐帧绘制蓝鲸的自由游动

5.动画制作阶段

　　由于在创作阶段已经使用了 Flash 来基本定型，因此，这里的分镜做法其实是设计 Flash 的运动方式。我们把设计好的人物与背景先按脚本导入图层，之后开始进行动态的设计与制作（图 79、图 80）。

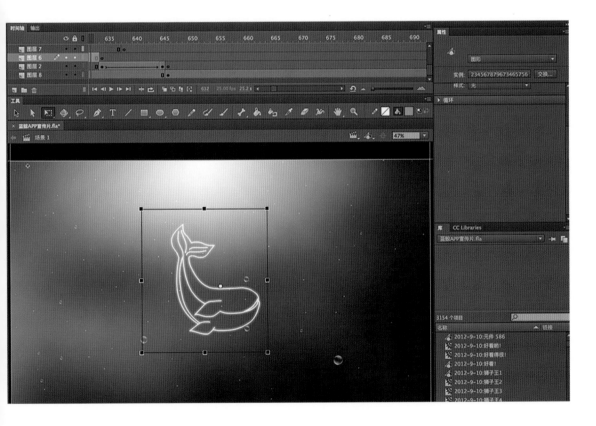

图 80　制作中的界面

图 81 影片剪辑中的动画

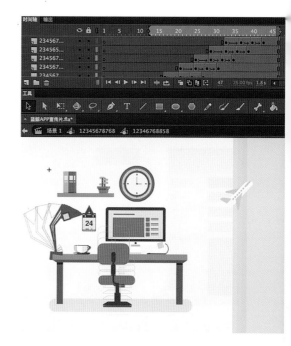

图 82 办公室各个元素的动画制作

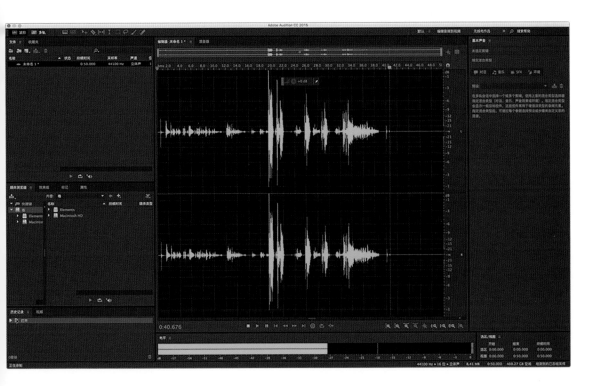

图 83　Adobe Audition 录音界面

动画制作完成后，我们需要对整个动画进行配音工作。一般来说，我们可以通过使用 Adobe Audition 来录制旁白和环境声。保存音频文件后，导入 An 的舞台中来完成配音工作（图 81～图 83）。

图 84 正在转换视频

图 85 完成后的动画视频

6. 作品合成与输出

制作完成之后，我们可以先发布 SWF 文件。待客户确认后，再输出视频。建议大家都是用 H.264 编码的 MP4 文件格式输出，体积和质量都不错。

在制作过程中，我们一定要多与需求方沟通。在每个环节的开始与结束的时候都要及时反馈，并能有针对性的修改方案。这样可以大大节省制作的时间成本（图 84、图 85）。

思考题

设计制作一个自命题的 Flash 短片，长度在一分钟以上。